高等职业教育"十四五"规划教材

平法识图与钢筋算量

主　编　汪红丽　张红霞　蒋艳芳

副主编　卢　舸　姚　薇　徐　磊　任　娟

参　编　王沫涵　马　冲　胡　君

东南大学出版社

·南京·

内容提要

本书主要依据《混凝土结构施工图平面整体表示方法制图规则和构造详图（现浇混凝土框架、剪力墙、梁、板）》22G101—1、《混凝土结构施工图平面整体表示方法制图规则和构造详图（现浇混凝土板式楼梯）》22G101—2、《混凝土结构施工图平面整体表示方法制图规则和构造详图（独立基础、条形基础、筏形基础、桩基础）》22G101—3和《广东省建筑与装饰工程综合定额2018》等编写而成，主要内容包括钢筋工程量计算基础，柱、梁、有梁楼盖、剪力墙、基础、楼梯等构件的识图及钢筋工程量计算。

本书内容基础、全面、系统，可操作性强，与造价员岗位的工作过程有紧密联系，可作为高职高专院校工程造价、建设工程管理、建筑工程技术和工程监理专业的教材，也可作为本科院校教学用书，或供相关专业人员学习参考。

图书在版编目(CIP)数据

平法识图与钢筋算量 / 汪红丽，张红霞，蒋艳芳主编. — 南京：东南大学出版社，2023.4（2024.7重印）
ISBN 978-7-5766-0720-8

Ⅰ. ①平… Ⅱ. ①汪… ②张… ③蒋… Ⅲ. ①钢筋混凝土结构-建筑构图-识图②钢筋混凝土结构-结构计算 Ⅳ. ①TU375

中国国家版本馆CIP数据核字(2023)第062683号

责任编辑：戴坚敏　责任校对：韩小亮　封面设计：余武莉　责任印制：周荣虎

平法识图与钢筋算量
Pingfa Shitu Yu Gangjin Suanliang

出版发行：东南大学出版社
社　　址：南京市四牌楼2号　邮编：210096　电话：025-83793330
网　　址：http://www.seupress.com
电子邮箱：press@seupress.com
经　　销：全国各地新华书店
印　　刷：兴化印刷有限责任公司
开　　本：787 mm×1092 mm　1/16
印　　张：12.25
字　　数：304千字
版　　次：2023年4月第1版
印　　次：2024年7月第2次印刷
书　　号：ISBN 978-7-5766-0720-8
印　　数：3 001—4 500册
定　　价：46.00元

前　言

钢筋工程量计算是极其烦琐的，其计算的准确性对工程造价的影响很大。本书根据高等职业教育建筑工程技术及工程造价管理类专业的人才培养目标、课程标准和教学大纲设计教材内容。书中用一套三层楼的工程案例对职业岗位能力中的钢筋工程量的计算能力进行训练，以学生为主体，采用“教、学、做”一体化的教学模式，体现了工学结合、行动导向的职业教育方针。全书以《混凝土结构施工图平面整体表示方法制图规则和构造详图（现浇混凝土框架、剪力墙、梁、板）》22G101—1、《混凝土结构施工图平面整体表示方法制图规则和构造详图（现浇混凝土板式楼梯）》22G101—2、《混凝土结构施工图平面整体表示方法制图规则和构造详图（独立基础、条形基础、筏形基础、桩基础）》22G101—3 和《广东省建筑与装饰工程综合定额 2018》等为主要依据编写而成。

本书有以下主要特点：

(1) 本书以工程造价行业最新的规范、标准为依据编写，具有较强的实用性。

(2) 本书以完整的工程案例为主线，将柱、梁、有梁楼盖、剪力墙、基础、楼梯等常见构件的钢筋工程量计算串联在一起，让学生建立起对钢筋计算的完整框架。

(3) 本书中钢筋工程量手算的思路和软件计算能进行无缝衔接，为后期软件算量学习作铺垫。

(4) 教材中配有工作页，具有较强的操作性，可辅助作为学生预习或教师讲授课程的资料。

(5) 书中理论内容突出重点，以表格和图片来展示计算公式和钢筋构造，简洁明了；案例中的计算过程用表格来呈现，直观清晰，方便学生自学和教师教学。

本书由广州城市职业学院汪红丽和广州城建职业学院张红霞、蒋艳芳担任主编；长江工程职业技术学院卢舸，武汉工程职业技术学院姚薇，广州城市职业学院徐磊、任娟担任副主编；武汉船舶职业技术学院王沫涵、广州城建职业学院马冲、广东复升建筑工程有限公司胡君参与了本书的编写。全书由汪红丽统稿，本课程建议总学时为 36 学时。

本书在编写过程中参考了相关规范、资料等，在此一并向原作者表示感谢！

由于编者的经验和学识有限，尽管尽心尽力编写，但内容难免有疏漏、错误之处，恳请广大读者批评指正。

编者

2023 年 4 月

目　录

1 钢筋工程量计算基础

1.1 钢筋基础知识

1）钢筋种类

（1）按外形分，钢筋分为圆钢和螺纹钢。

（2）按强度等级分，钢筋分为：

一级钢：HPB300，符号 ϕ；

二级钢：HRB335、HRBF335，符号 ϕ；

三级钢：HRB400、HRBF400、RRB400，符号 ϕ；

四级钢：HRB500、HRBF500，符号 ϕ。

通过看结构图纸中钢筋的符号能查找出钢筋的级别，如 ϕ8 代表直径为 8 mm 的一级钢。

2）混凝土结构环境类别

22G 平法中将混凝土结构环境类别分为五大类（表 1-1），环境类别会影响钢筋保护层厚度，从而影响钢筋的工程量，在图纸的结构设计说明中能找到该数据。

表 1-1　混凝土结构的环境类别

<table>
<tr><th colspan="2">环境类别</th><th>条　件</th></tr>
<tr><td colspan="2">一</td><td>室内干燥环境</td></tr>
<tr><td rowspan="2">二</td><td>a</td><td>室内潮湿环境；
非严寒和非寒冷地区的露天环境；
非严寒和非寒冷地区与无侵蚀性的水或土壤直接接触的环境；
严寒和寒冷地区的冰冻线以下与无侵蚀性的水或土壤直接接触的环境</td></tr>
<tr><td>b</td><td>干湿交替环境；
水位频繁变动环境；
严寒和寒冷地区的露天环境；
严寒和寒冷地区的冰冻线以上与无侵蚀性的水或土壤直接接触的环境</td></tr>
<tr><td rowspan="2">三</td><td>a</td><td>严寒和寒冷地区冬季水位变动区环境；
受除冰盐影响环境；
海风环境</td></tr>
<tr><td>b</td><td>盐渍土环境；
受除冰盐作用环境；
海岸环境</td></tr>
<tr><td colspan="2">四</td><td>海水环境</td></tr>
<tr><td colspan="2">五</td><td>受人为或自然的侵蚀性物质影响的环境</td></tr>
</table>

3）混凝土保护层厚度

混凝土保护层厚度指最外层钢筋外边缘至混凝土表面的距离。

22G 平法给出了设计使用年限为 50 年的混凝土结构的混凝土保护层最小厚度，如表 1-2 所示。

表 1-2　混凝土保护层的最小厚度　　单位：mm

环境类别		板、墙	梁、柱
一		15	20
二	a	20	25
	b	25	35
三	a	30	40
	b	40	50

（1）构件中受力钢筋的保护层厚度不应小于钢筋的公称直径。

（2）一类环境中，设计使用年限为 100 年的结构最外层钢筋的保护层厚度不应小于表中数值的 1.4 倍；二、三类环境中，设计使用年限为 100 年的结构应采取专门的有效措施；四类和五类环境类别的混凝土结构，其耐久性要求应符合国家现行有关标准的规定。

（3）混凝土强度等级为 C25 时，表中保护层厚度数值应增加 5 mm。

（4）基础底面钢筋的保护层厚度，有混凝土垫层时应从垫层顶面算起，且不应小于 40 mm。

在计算钢筋工程量时，该数据可以从结构设计说明中查找；如结构设计说明中未明示，可以按 22G 平法中的规定来选取数据。

4）锚固长度

钢筋的锚固长度指构件中的受力钢筋伸入支座或基础中的总长度。锚固分为直线锚固（简称直锚）和弯折锚固（简称弯锚）两种，具体计算时需要根据实际进行判断。锚固值的大小受钢筋种类、混凝土的强度等级、抗震等级及钢筋直径大小的影响。22G 平法中给出了四种锚固值。

（1）受拉钢筋基本锚固长度 l_{ab}

表 1-3　受拉钢筋基本锚固长度 l_{ab}

钢筋种类	混凝土强度等级							
	C25	C30	C35	C40	C45	C50	C55	≥C60
HPB300	34*d*	30*d*	28*d*	25*d*	24*d*	23*d*	22*d*	21*d*
HRB400、HRBF400、RRB400	40*d*	35*d*	32*d*	29*d*	28*d*	27*d*	26*d*	25*d*
HRB500、HRBF500	48*d*	43*d*	39*d*	36*d*	34*d*	32*d*	31*d*	30*d*

（2）抗震设计时受拉钢筋基本锚固长度 l_{abE}

表 1-4 抗震设计时受拉钢筋基本锚固长度 l_{abE}

钢筋种类及抗震等级		混凝土强度等级							
		C25	C30	C35	C40	C45	C50	C55	≥C60
HPB300	一、二级	$39d$	$35d$	$32d$	$29d$	$28d$	$26d$	$25d$	$24d$
	三级	$36d$	$32d$	$29d$	$26d$	$25d$	$24d$	$23d$	$22d$
HRB400、HRBF400	一、二级	$46d$	$40d$	$37d$	$33d$	$32d$	$31d$	$30d$	$29d$
	三级	$42d$	$37d$	$34d$	$30d$	$29d$	$28d$	$27d$	$26d$
HRB500、HRBF500	一、二级	$55d$	$49d$	$45d$	$41d$	$39d$	$37d$	$36d$	$35d$
	三级	$50d$	$45d$	$41d$	$38d$	$36d$	$34d$	$33d$	$32d$

（3）受拉钢筋锚固长度 l_a

表 1-5 受拉钢筋锚固长度 l_a

钢筋种类	混凝土强度等级															
	C25		C30		C35		C40		C45		C50		C55		≥C60	
	$d\leqslant25$	$d>25$	$d\leqslant25$	$d>25$	$d\leqslant25$	$d>25$	$d\leqslant25$	$d>25$	$d\leqslant25$	$d>25$	$d\leqslant25$	$d>25$	$d\leqslant25$	$d>25$	$d\leqslant25$	$d>25$
HPB300	$34d$	—	$30d$	—	$28d$	—	$25d$	—	$24d$	—	$23d$	—	$22d$	—	$21d$	—
HRB400 HRBF400 RRB400	$40d$	$44d$	$35d$	$39d$	$32d$	$35d$	$29d$	$32d$	$28d$	$31d$	$27d$	$30d$	$26d$	$29d$	$25d$	$28d$
HRB500 HRBF500	$48d$	$53d$	$43d$	$47d$	$39d$	$43d$	$36d$	$40d$	$34d$	$37d$	$32d$	$35d$	$31d$	$34d$	$30d$	$33d$

（4）受拉钢筋抗震锚固长度 l_{aE}

表 1-6 受拉钢筋抗震锚固长度 l_{aE}

钢筋种类及抗震等级		混凝土强度等级															
		C25		C30		C35		C40		C45		C50		C55		≥C60	
		$d\leqslant25$	$d>25$	$d\leqslant25$	$d>25$	$d\leqslant25$	$d>25$	$d\leqslant25$	$d>25$	$d\leqslant25$	$d>25$	$d\leqslant25$	$d>25$	$d\leqslant25$	$d>25$	$d\leqslant25$	$d>25$
HPB300	一、二级	$39d$	—	$35d$	—	$32d$	—	$29d$	—	$28d$	—	$26d$	—	$25d$	—	$24d$	—
	三级	$36d$	—	$32d$	—	$29d$	—	$26d$	—	$25d$	—	$24d$	—	$23d$	—	$22d$	—
HRB400 HRBF400	一、二级	$46d$	$51d$	$40d$	$45d$	$37d$	$40d$	$33d$	$37d$	$32d$	$36d$	$31d$	$35d$	$30d$	$33d$	$29d$	$32d$
	三级	$42d$	$46d$	$37d$	$41d$	$34d$	$37d$	$30d$	$34d$	$29d$	$33d$	$28d$	$32d$	$27d$	$30d$	$26d$	$29d$
HRB500 HRBF500	一、二级	$55d$	$61d$	$49d$	$54d$	$45d$	$49d$	$41d$	$46d$	$39d$	$43d$	$37d$	$40d$	$36d$	$39d$	$35d$	$38d$
	三级	$50d$	$56d$	$45d$	$49d$	$41d$	$45d$	$38d$	$42d$	$36d$	$39d$	$34d$	$37d$	$33d$	$36d$	$32d$	$35d$

其中，l_{ab}是基础数据，考虑了施工中的特殊情况后乘以系数可以得到 l_a；在考虑了抗震因素后 l_{ab}、l_a乘以系数得到 l_{abE}、l_{aE}。在实际计算中，可以直接选用 l_a或 l_{aE}。

5）搭接长度

搭接是在混凝土结构构件中，钢筋长度不够时，按一定要求将两根钢筋互相叠合而形成的重叠。

《广东省建筑与装饰工程综合定额(2018)》的规定是:ϕ10 以内的钢筋按每 12 m 计算一个钢筋搭接;ϕ10 以上的钢筋按每 9 m 计算一个钢筋搭接(接头)。

搭接的大小受钢筋种类、混凝土的强度等级、抗震等级、钢筋直径大小及同一区段内搭接钢筋面积百分率的影响。搭接钢筋面积百分率是指在同一连接区段接头钢筋占总钢筋的比例(系指纵向钢筋)。

纵向钢筋接头百分率=(钢筋接头处所在构件的横截面上其纵向有接头的钢筋的截面积/所有纵向钢筋的总截面积)×100%

22G 平法中给出了纵向受拉钢筋搭接长度 l_l 及抗震设计时纵向受拉钢筋搭接长度 l_{lE}。

表 1-7 纵向受拉钢筋搭接长度 l_l

钢筋种类及同一区段内搭接钢筋面积百分率		混凝土强度等级															
		C25		C30		C35		C40		C45		C50		C55		≥C60	
		$d\leqslant25$	$d>25$	$d\leqslant25$	$d>25$	$d\leqslant25$	$d>25$	$d\leqslant25$	$d>25$	$d\leqslant25$	$d>25$	$d\leqslant25$	$d>25$	$d\leqslant25$	$d>25$	$d\leqslant25$	$d>25$
HPB300	≤25%	41d	—	36d	—	34d	—	30d	—	29d	—	28d	—	26d	—	25d	—
	50%	48d	—	42d	—	39d	—	35d	—	34d	—	32d	—	31d	—	29d	—
	100%	54d	—	48d	—	45d	—	40d	—	38d	—	37d	—	35d	—	34d	—
HRB400 HRBF400 RRB400	≤25%	48d	53d	42d	47d	38d	42d	35d	38d	34d	37d	32d	36d	31d	35d	30d	34d
	50%	56d	62d	49d	55d	45d	49d	41d	45d	39d	43d	38d	42d	36d	41d	35d	39d
	100%	64d	70d	56d	62d	51d	56d	46d	51d	45d	50d	43d	48d	42d	46d	40d	45d
HRB500 HRBF500	≤25%	58d	64d	52d	56d	47d	52d	43d	48d	41d	44d	38d	42d	37d	41d	36d	40d
	50%	67d	74d	60d	66d	55d	60d	50d	56d	48d	52d	45d	49d	43d	48d	42d	46d
	100%	77d	85d	69d	75d	62d	69d	58d	64d	54d	59d	51d	56d	50d	54d	48d	53d

表 1-8 抗震设计时纵向受拉钢筋搭接长度 l_{lE}

钢筋种类及同一区段内搭接钢筋面积百分率			混凝土强度等级															
			C25		C30		C35		C40		C45		C50		C55		≥C60	
			$d\leqslant25$	$d>25$	$d\leqslant25$	$d>25$	$d\leqslant25$	$d>25$	$d\leqslant25$	$d>25$	$d\leqslant25$	$d>25$	$d\leqslant25$	$d>25$	$d\leqslant25$	$d>25$	$d\leqslant25$	$d>25$
一、二级抗震等级	HPB300	≤25%	47d	—	42d	—	38d	—	35d	—	34d	—	31d	—	30d	—	29d	—
		50%	55d	—	49d	—	45d	—	41d	—	39d	—	36d	—	35d	—	34d	—
	HRB400 HRBF400	≤25%	55d	61d	48d	54d	44d	48d	40d	44d	38d	43d	37d	42d	36d	40d	35d	38d
		50%	64d	71d	56d	63d	52d	56d	46d	52d	45d	50d	43d	49d	42d	46d	41d	45d
	HRB500 HRBF500	≤25%	66d	73d	59d	65d	54d	59d	49d	55d	47d	52d	44d	48d	43d	47d	42d	46d
		50%	77d	85d	69d	76d	63d	69d	57d	64d	55d	60d	52d	56d	50d	55d	49d	53d
三级抗震等级	HPB300	≤25%	43d	—	38d	—	35d	—	31d	—	30d	—	29d	—	28d	—	26d	—
		50%	50d	—	45d	—	41d	—	36d	—	35d	—	34d	—	32d	—	31d	—
	HRB400 HRBF400	≤25%	50d	55d	44d	49d	41d	44d	36d	41d	35d	40d	34d	38d	32d	36d	31d	35d
		50%	59d	64d	52d	57d	48d	52d	42d	48d	41d	46d	39d	45d	38d	42d	36d	41d
	HRB500 HRBF500	≤25%	60d	67d	54d	59d	49d	54d	46d	50d	43d	47d	41d	44d	40d	43d	38d	42d
		50%	70d	78d	63d	69d	57d	63d	53d	59d	50d	55d	48d	52d	46d	50d	45d	49d

6）量度差值（弯曲调整值）

在量取成型钢筋长度时，一般是量外边尺寸，外包尺寸与轴线长度之间存在一个差值，这一差值称为量度差值，其大小与钢筋及弯心直径和弯钩角度等因素有关。

《广东省建筑与装饰工程综合定额（2018）》的规定是：现浇构件钢筋（包括预制小型构件钢筋）制作安装工程量，按设计图示中心线长度乘以单位理论质量计算。因此在计算钢筋工程量时要考虑量度差值的影响。

以弯曲 90°为例，三级钢，弯心直径 $D=5d$。

外包尺寸 $=A'C'+C'B'=2A'C'=2(D/2+d)=2(5d/2+d)=7d$

轴线长度 = 弧长 $ACB=\pi/4(D+d)=\pi/4(5d+d)=4.71d$

量度差值 = 外包尺寸 − 轴线长度 $=7d-4.71d=2.29d$

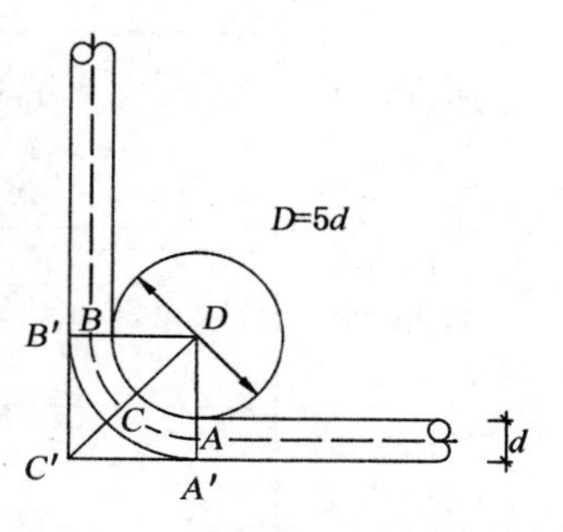

图 1-1　量度差值计算示例图

表 1-9　量度差值（弯曲调整值）

弯曲形式	HPB235 HPB300	HRB335 HRB335E HRBF335 HRBF335E	HRB400 HRB400E HRBF400 HRBF400E RRB400	HRB500 HRB500E HRBF500 HRBF500E	
	$D=2.5d$	$D=4d$	$D=5d$	$d\leqslant 25$ $D=6d$	$d>25$ $D=7d$
90°弯折	1.75	2.08	2.29	2.5	2.72
135°弯折	0.38	0.11	−0.07	−0.25	−0.42
30°弯折	0.29	0.3	0.3	0.31	0.32
45°弯折	0.49	0.52	0.55	0.56	0.59
60°弯折	0.77	0.85	0.9	0.96	1.01
30°弯起	0.31	0.33	0.34	0.35	0.37
45°弯起	0.56	0.63	0.67	0.72	0.76
60°弯起	0.96	1.12	1.23	1.33	1.44

注：表中数据依据《钢筋工手册》（第三版）和《平法图集 22G101-1》计算，可根据实际情况调整。

7）钢筋弯钩值

钢筋弯曲后，弯曲处内皮收缩、外皮延伸、轴线长度不变，弯曲处形成圆弧，弯起后尺寸大于下料尺寸，应考虑弯曲调整值。如一级钢箍筋，当箍筋端部是 135°弯钩时，弯钩值为 $1.9d$。

表 1-10　钢筋弯钩值

钢筋级别	箍筋					直筋		
	弯弧段长度(d)			平直段长度(d)		弯弧段长度(d)	平直段长度(d)	
	箍筋 180°	箍筋 90°	箍筋 135°	抗震	非抗震	直筋 180°	抗震	非抗震
HPB235 HPB300 ($D=2.5d$)	3.25	0.5	1.9	10	5	3.25	3	3
HRB335 HRB335E HRBF335 HRBF335E ($D=4d$)	4.86	0.93	2.89	10	5	4.86	3	3
HRB400 HRB400E HRBF400 HRBF400E ($D=5d$)	5.93	1.21	2.89	10	5	5.93	3	3
HRB500 HRB500E HRBF500 HRBF500E ($D=6d$)	7	1.5	4.25	10	5	7	3	3

注:表中数据依据《钢筋工手册》(第三版)和《平法图集 22G101-1》计算,可根据实际情况调整。

8）钢筋连接方式

钢筋的连接方式分为绑扎连接、焊接连接、机械连接三种。

连接方式影响钢筋接头个数或搭接长度的计算。

可查阅图纸中的结构设计说明来明确钢筋的连接方式。

9）嵌固部位

嵌固部位即嵌固端,就是平常所说的固定端。不允许构件在此部位有任何位移或相对嵌固端以上部位位移很小。

在 22G 平法中,上部结构嵌固部位的注写方式如下:

(1) 框架柱嵌固部位在基础顶面时,无需注明。

(2) 框架柱嵌固部位不在基础顶面时,在层高表嵌固部位标高下使用双细线注明,并在层高表下注明上部结构嵌固部位标高。

(3) 框架柱嵌固部位不在地下室顶板,但仍需考虑地下室顶板对上部结构实际存在嵌固作用时,可在层高表地下室顶板标高下使用双虚线注明,此时首层柱端箍筋加密区长度范围及纵筋连接位置均按嵌固部位要求设置。

1.2 钢筋工程量计算规则

《广东省建筑与装饰工程综合定额(2018)》中钢筋工程量的计算规则是:现浇构件钢筋制作安装工程量,按设计图示中心线长度乘以单位理论质量计算。

钢筋重量=单根钢筋长度×根数×理论重量

单根钢筋长度=净长+锚固长度+搭接长度+弯钩值-量度差值

钢筋理论重量=0.006 17D^2(D为钢筋直径,单位 mm)

表 1-11 钢筋理论重量

直径/mm	理论重量/($kg \cdot m^{-1}$)	直径/mm	理论重量/($kg \cdot m^{-1}$)
6	0.222	20	2.47
6.5	0.260	22	2.98
8	0.395	25	3.85
8.2	0.432	28	4.82
10	0.617	32	6.31
12	0.888	36	7.99
14	1.21	40	9.87
16	1.58	50	15.42
18	2.00	—	—

工作页 1

<table>
<tr><td>学习任务</td><td>钢筋工程量计算基础</td><td>建议学时</td><td>4</td></tr>
<tr><td>学习目标</td><td colspan="3">能根据图纸查找钢筋计算所需要的基础数据:保护层厚度、锚固长度、搭接长度、钢筋的连接方式</td></tr>
<tr><td>任务描述</td><td colspan="3">本任务需要先识读结构图纸,根据图纸找到基础、柱、梁、板、楼梯的混凝土强度等级和钢筋级别,能计算得到钢筋的锚固长度和搭接长度,找到钢筋的连接方式</td></tr>
<tr><td>学习过程</td><td colspan="3">查阅广州市某办公楼图纸,仔细阅读结构设计说明,完成以下学习内容:
引导性问题 1:基础、柱、梁、板、楼梯的混凝土强度等级和结构抗震等级分别是多少?

引导性问题 2:基础、柱、梁、板、楼梯的钢筋保护层厚度是多少?

</td></tr>
</table>

续表

学习任务	钢筋工程量计算基础	建议学时	4
学习过程	引导性问题 3:计算钢筋工程量的思路是怎样的?		
• 课后要求	复习所学内容,认真识读结构设计说明		

2 柱钢筋工程量计算

2.1 柱平法识图基础知识

2.1.1 柱分类

(1) 按位置分,柱分为中柱、边柱、角柱。

(2) 根据《平法图集 22G101-1》,柱的分类见表 2-1。

表 2-1 柱分类

柱类型	代号
框架柱	KZ
转换柱	ZHZ
芯柱	XZ

2.1.2 柱钢筋分类

柱钢筋包含纵向钢筋和箍筋(图 2-1)。

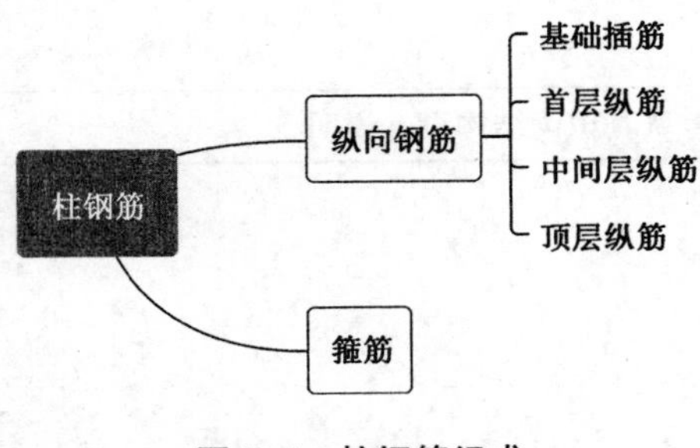

图 2-1 柱钢筋组成

2.1.3 柱钢筋识图实例

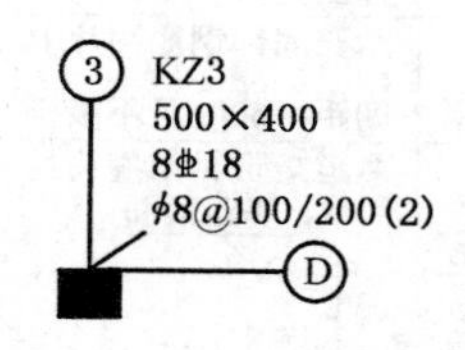

图 2-2 KZ3 平面图

解:通过读图 2-2,KZ3 里的钢筋如下:

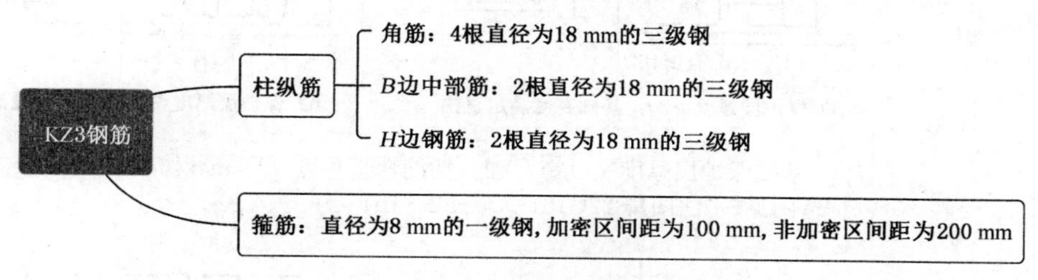

图 2-3 KZ3 钢筋

2.2 框架柱钢筋工程量计算

2.2.1 框架柱钢筋工程量计算

框架柱钢筋长度计算公式总结如表 2-2 所示。

表 2-2 框架柱钢筋计算公式

基础插筋	计算公式	底部非连接区高度: ·基础上为嵌固部位 取值=$H_n/3$ ·基础上为非嵌固部位 取值=max{$H_n/6$, h_c, 500} 基础内竖直高度=h_j-c 弯折长度 h_j:基础厚度 c:基础保护层厚度 基础插筋长度(低位)=基础插筋弯折长度+基础内竖直高度+伸出基础非连接区高度－量度差值 基础插筋长度(高位)=基础插筋计算长度(低位)+纵筋错开高度 h_c 为柱截面长边尺寸

续表

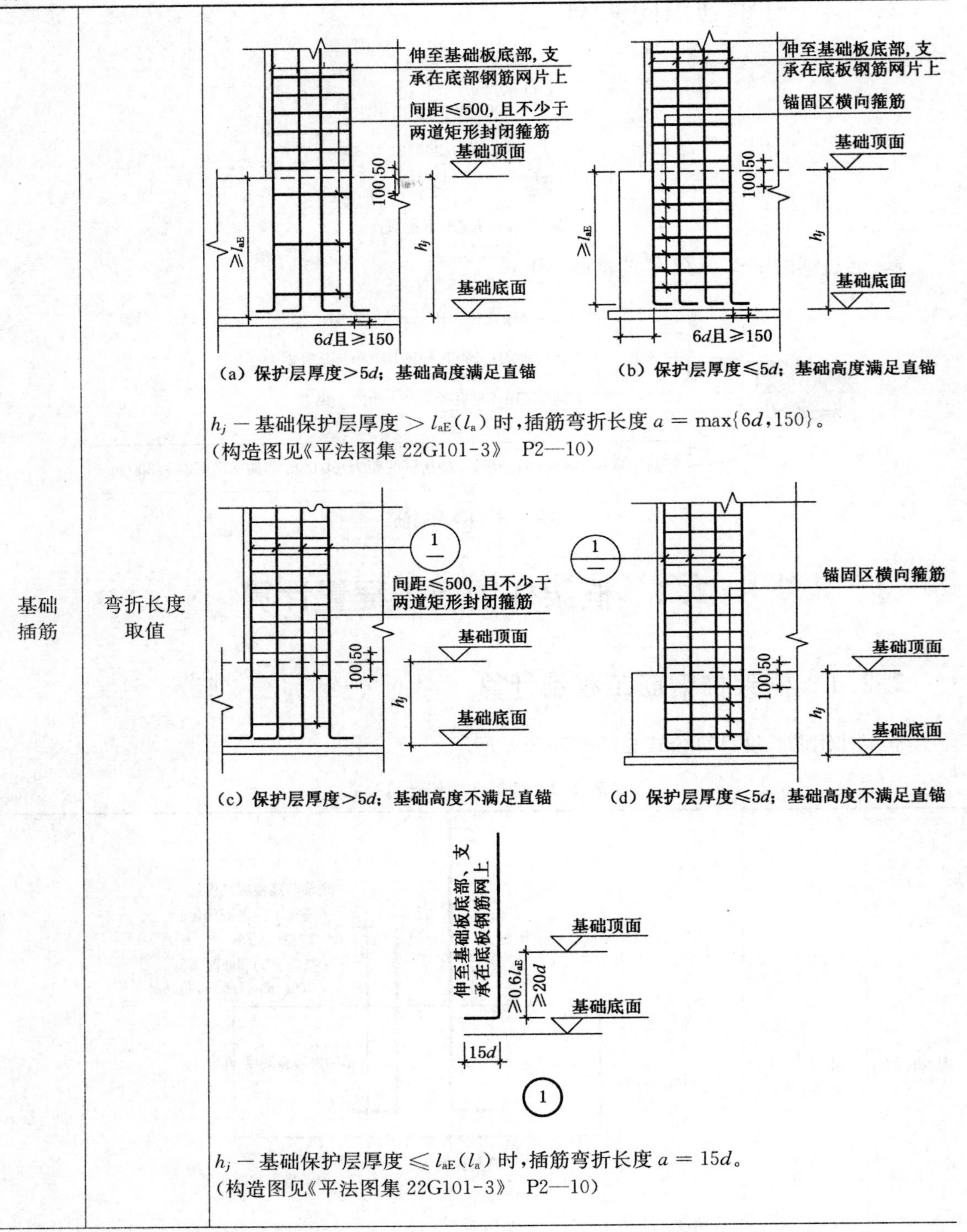

基础插筋	弯折长度取值	(a) 保护层厚度＞5d；基础高度满足直锚 (b) 保护层厚度≤5d；基础高度满足直锚 h_j − 基础保护层厚度 ＞ l_{aE}(l_a) 时，插筋弯折长度 a = max{6d,150}。 (构造图见《平法图集 22G101-3》 P2—10) (c) 保护层厚度＞5d；基础高度不满足直锚 (d) 保护层厚度≤5d；基础高度不满足直锚 h_j − 基础保护层厚度 ≤ l_{aE}(l_a) 时，插筋弯折长度 a = 15d。 (构造图见《平法图集 22G101-3》 P2—10)

续表

基础插筋	伸出基础非连接区高度	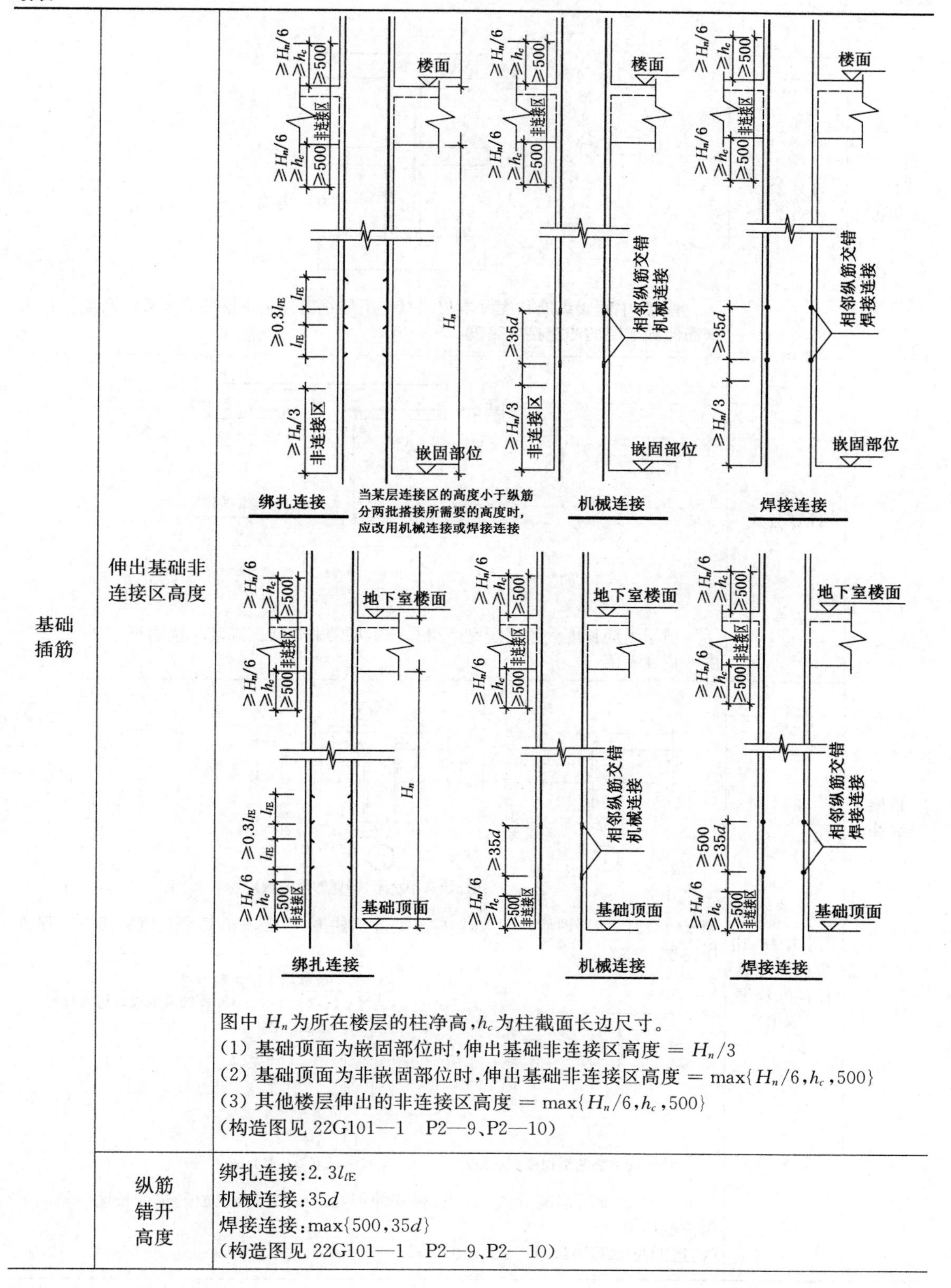 图中 H_n 为所在楼层的柱净高，h_c 为柱截面长边尺寸。 (1) 基础顶面为嵌固部位时，伸出基础非连接区高度 $= H_n/3$ (2) 基础顶面为非嵌固部位时，伸出基础非连接区高度 $= \max\{H_n/6, h_c, 500\}$ (3) 其他楼层伸出的非连接区高度 $= \max\{H_n/6, h_c, 500\}$ (构造图见 22G101—1　P2—9、P2—10)
	纵筋错开高度	绑扎连接：$2.3l_{lE}$ 机械连接：$35d$ 焊接连接：$\max\{500, 35d\}$ (构造图见 22G101—1　P2—9、P2—10)

续表

<table>
<tr>
<td>首层及中间层纵筋</td>
<td>计算公式</td>
<td>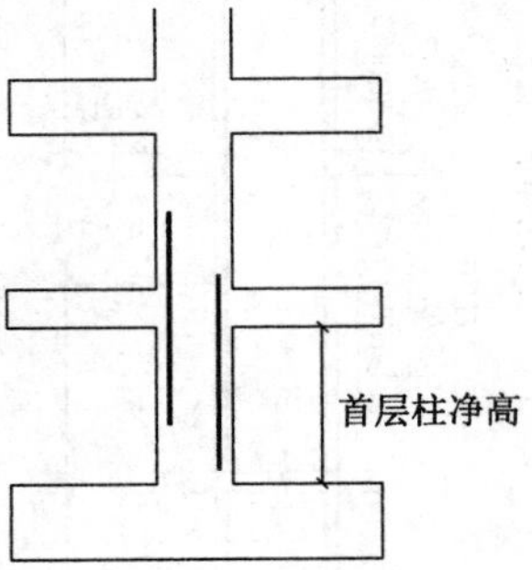
首层柱净高
首层、中间层纵筋长度＝本层层高－下层钢筋伸到本层的非连接区高度＋本层钢筋伸到上层的非连接区高度</td>
</tr>
<tr>
<td rowspan="2">顶层纵筋</td>
<td>计算公式</td>
<td>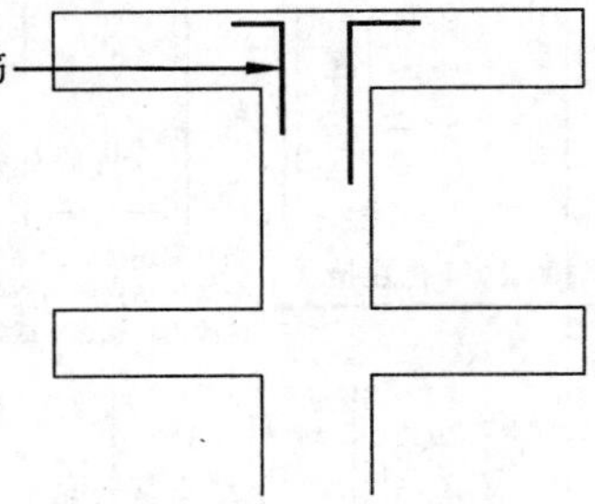
顶层纵筋
顶层纵筋长度＝顶层层高－梁高－本层的非连接区高度＋锚固长度－量度差值</td>
</tr>
<tr>
<td>顶层中柱、边角柱内侧纵筋锚固长度取值</td>
<td>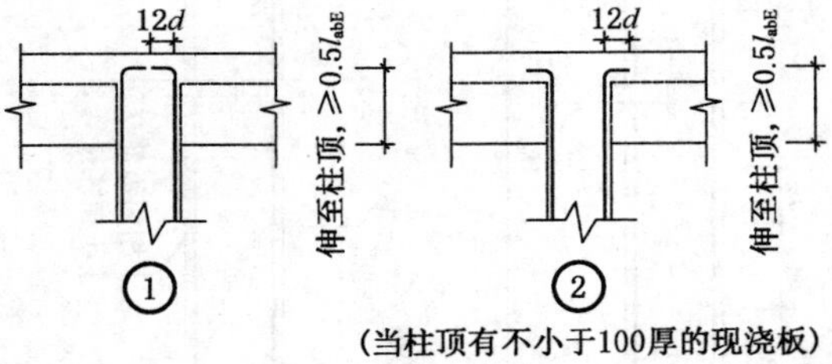
12d
伸至柱顶，≥0.5l_abE
①
12d
伸至柱顶，≥0.5l_abE
②
（当柱顶有不小于100厚的现浇板）
当 h_j－柱保护层厚度＜ l_{aE} 时，柱纵筋伸到柱顶，弯折 12d，锚固长度＝梁高－保护层厚度＋12d
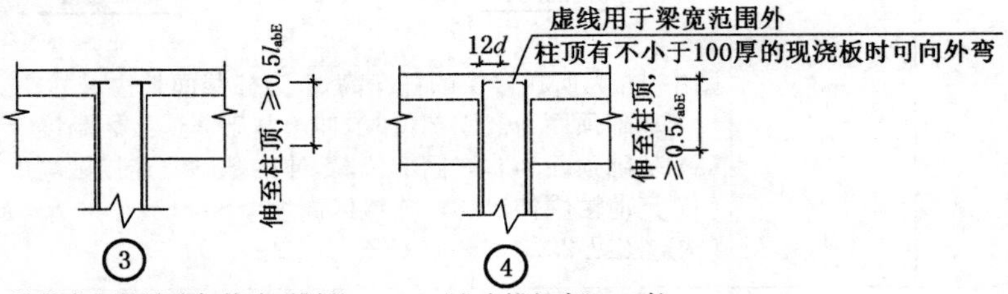
伸至柱顶，≥0.5l_abE
③
虚线用于梁宽范围外
12d
柱顶有不小于100厚的现浇板时可向外弯
伸至柱顶，≥0.5l_abE
④
柱纵向钢筋端头加锚头（锚板）　（当直锚长度≥l_{aE}时）
当 h_j－柱保护层厚度≥ l_{aE} 时，柱纵筋伸到柱顶或加锚头、锚板，锚固长度＝梁高－保护层厚度
（构造图见 22G101—1　P2—16）</td>
</tr>
</table>

续表

顶层纵筋	顶层边角柱外侧纵筋锚固取值	柱外侧纵向钢筋配筋率＝柱外侧纵向钢筋截面积/柱截面积。 (1) 顶层边、角柱外侧纵筋在梁宽范围内构造分为柱包梁、梁包柱及柱梁钢筋一体3种 (2) 柱包梁是指在梁宽范围内，柱外侧纵向钢筋伸入梁内。当梁高－保护层厚度＋柱宽－保护层厚度 ＜ $1.5l_{abE}$，柱外侧纵向钢筋锚固长度 ＝ $1.5l_{abE}$；当梁高－保护层厚度＋柱宽－保护层厚度 ≥ $1.5l_{abE}$，柱外侧纵向钢筋锚固长度＝梁高－保护层厚度＋$15d$。梁宽范围外的钢筋可在节点内锚固或当板厚 ≥ 100 mm 时伸入板内锚固(构造图见 22G101-1 P2—14) (3) 梁包柱是指在梁宽范围内，梁上部钢筋伸入柱内，柱外侧纵向钢筋伸到柱顶；梁宽范围外的钢筋伸到柱顶弯折 $12d$(构造图见 22G101-1 P2—15)

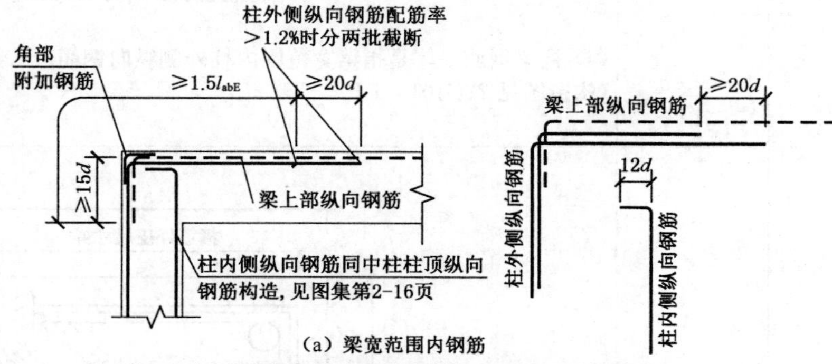

(a) 梁宽范围内钢筋

[伸入梁内柱纵向钢筋做法(从梁底算起$1.5l_{abE}$超过柱内侧边缘)]

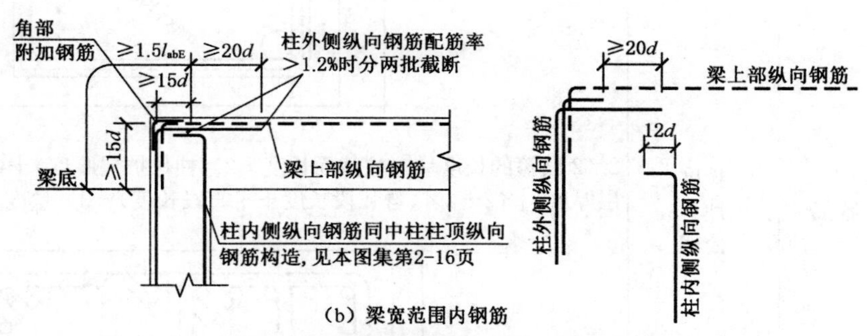

(b) 梁宽范围内钢筋

[伸入梁内柱纵向钢筋做法(从梁底算起$1.5l_{abE}$未超过柱内侧边缘)]

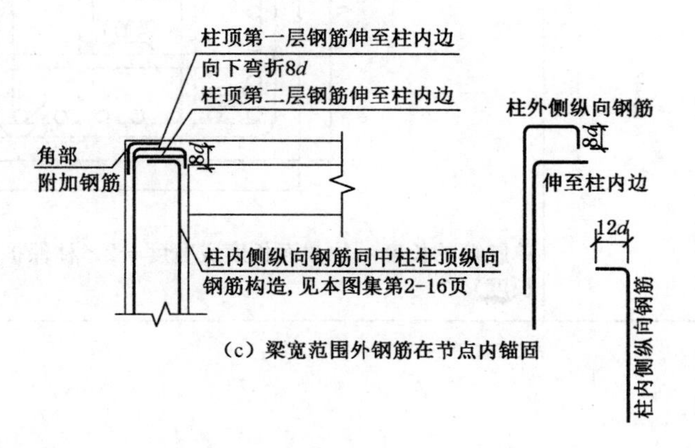

(c) 梁宽范围外钢筋在节点内锚固

续表

顶层纵筋	顶层边角柱外侧纵筋锚固取值	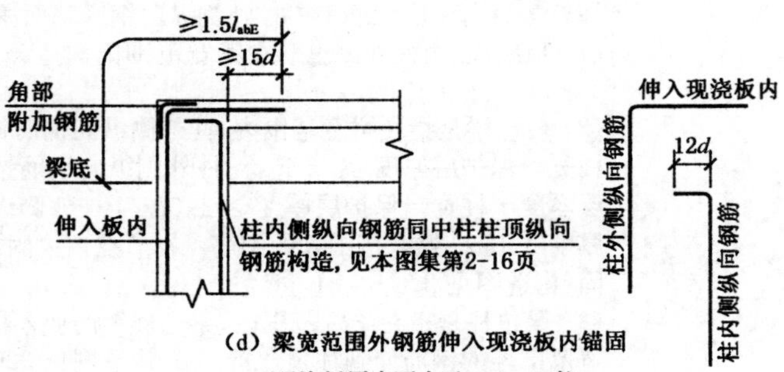 (d) 梁宽范围外钢筋伸入现浇板内锚固 (现浇板厚度不小于100 mm时) (4) 柱梁钢筋一体是指梁宽范围内柱外侧纵向钢筋弯入梁内作梁筋(构造图见 22G101—1 P2—15)
箍筋	长度计算公式	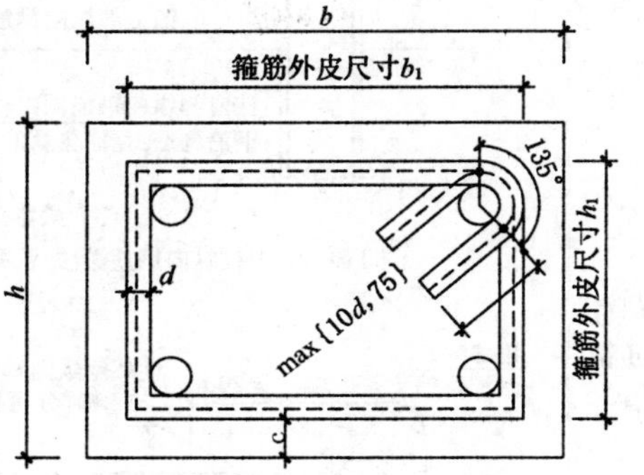 2×2 肢箍的长度=[(柱截面长度-2×柱保护层厚度)+(柱截面宽度-2×柱保护层厚度)]×2+2×(弯弧段长度+平直段长度)-3×量度差值 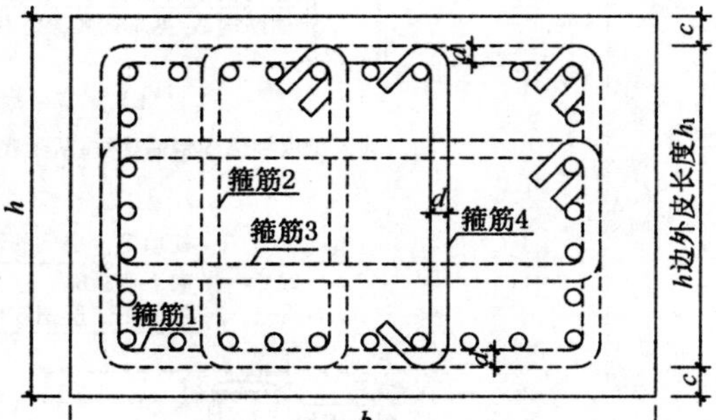 单肢箍的长度=柱截面长度或宽度-2×柱保护层厚度+2×(弯弧段长度+平直段长度)

续表

箍筋	根数计算公式	(1) 基础内柱箍筋根数 ① 当柱纵筋保护层厚度 $>5d$(d 为纵筋最小直径)时,箍筋根数 $=\max\{2,(h_j-100-150)/500$(向上取整)$+1\}$ ② 当柱纵筋保护层厚度 $\leqslant 5d$(d 为纵筋最小直径)时,箍筋根数 $=\max\{2,(h_j-100-150)/\min\{5d,100\}$(向上取整)$+1\}$ (构造图见 22G101-3　P2—10 注:2) 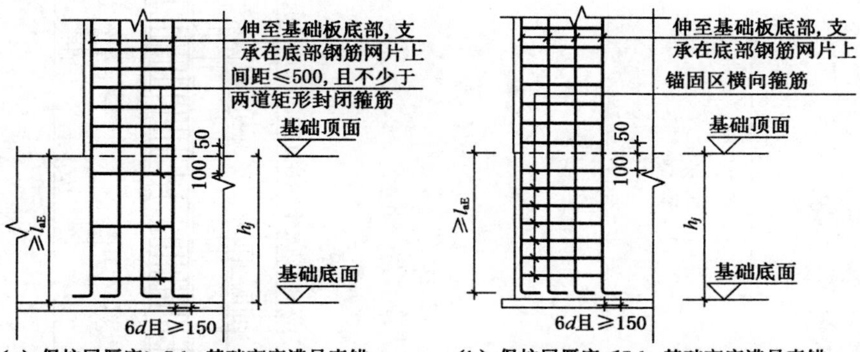 (a) 保护层厚度$>5d$;基础高度满足直锚　(b) 保护层厚度$\leqslant 5d$;基础高度满足直锚 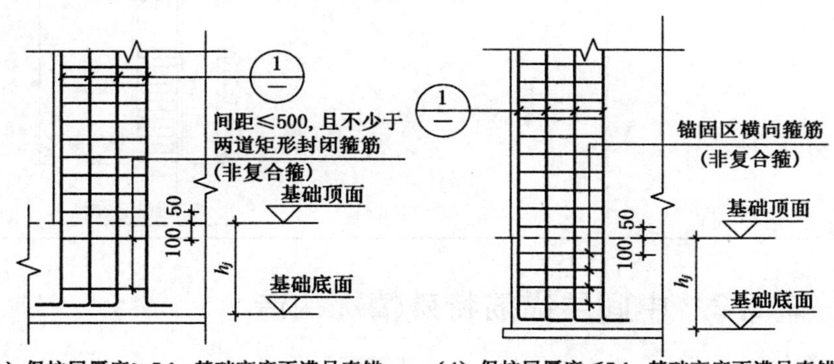 (c) 保护层厚度$>5d$;基础高度不满足直锚　(d) 保护层厚度$\leqslant 5d$;基础高度不满足直锚 (2) 基础上柱箍筋根数 柱纵筋采用焊接或机械连接时,计算公式如下: ① 节点和节点下箍筋根数 $=$(梁高 $+\max\{H_n/6,h_c,500\}$)/ 箍筋加密区间距(向上取整)$+1$ ② 非连接区箍筋根数 $=(H_n/3$ 或者 $\max\{H_n/6,h_c,500\}-50)$/ 箍筋加密区间距(向上取整)$+1$(首层) 非连接区箍筋根数 $=(\max\{H_n/6,h_c,500\}-50)$/ 箍筋加密区间距(向上取整)$+1$(其他层) ③ 非加密区箍筋根数 $=$(层高 $-$ 节点和节点下高度 $-$ 非连接区长度)/ 箍筋非加密区间距(向上取整)-1 (构造图见 22G101—1　P2—11)

续表

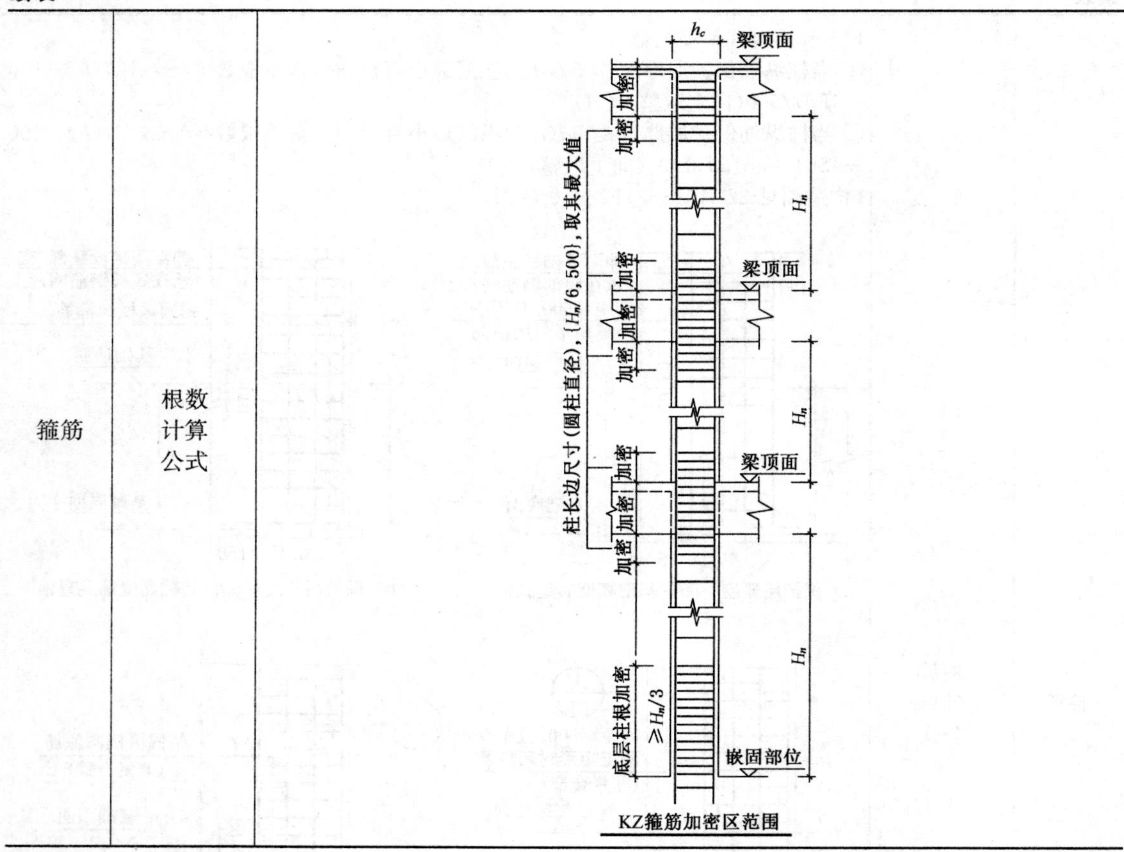

箍筋	根数计算公式	KZ箍筋加密区范围

2.2.2 中间层纵筋特殊情况构造

表 2-3　中间层纵筋特殊情况构造

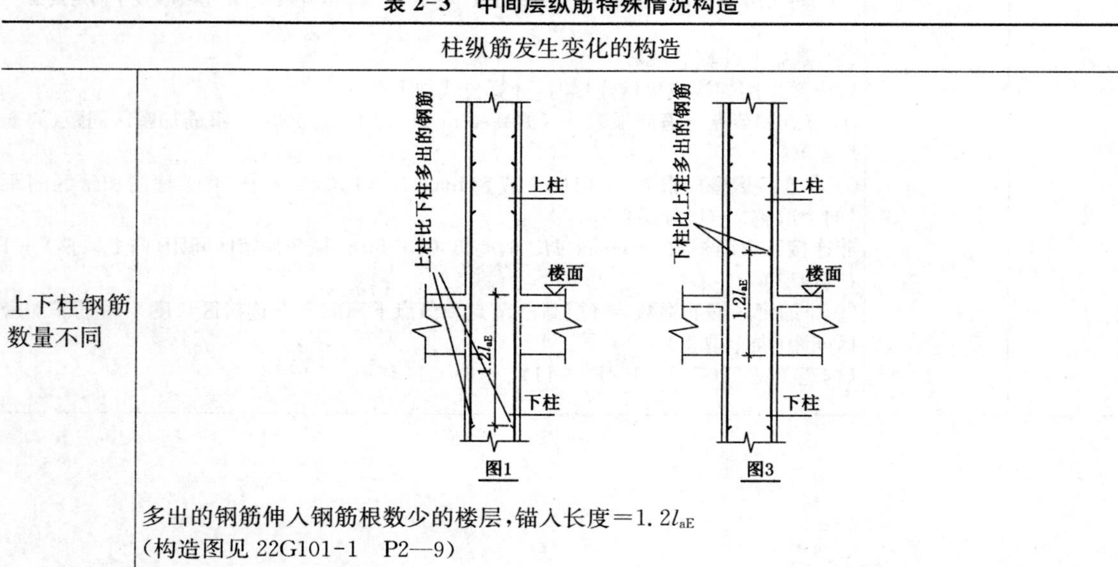

柱纵筋发生变化的构造	
上下柱钢筋数量不同	多出的钢筋伸入钢筋根数少的楼层，锚入长度＝1.2l_{aE} （构造图见 22G101-1　P2—9）

续表

柱纵筋发生变化的构造	
上下柱钢筋直径不同	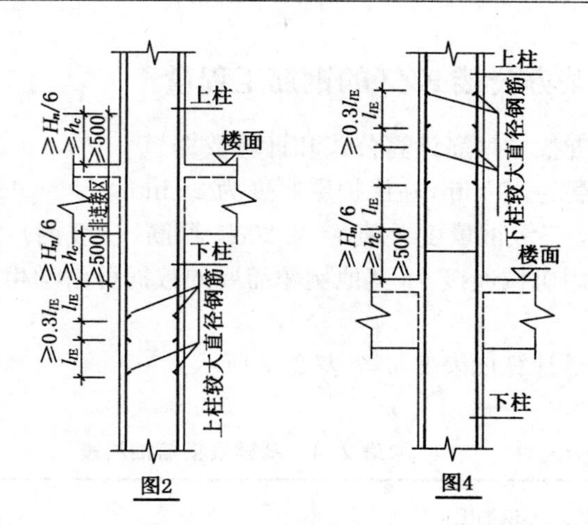绑扎连接时较大直径的钢筋伸入较小直径钢筋所在楼层，在非连接区进行搭接 l_{lE} （构造图见 22G101-1　P2—9）
柱截面发生变化的构造	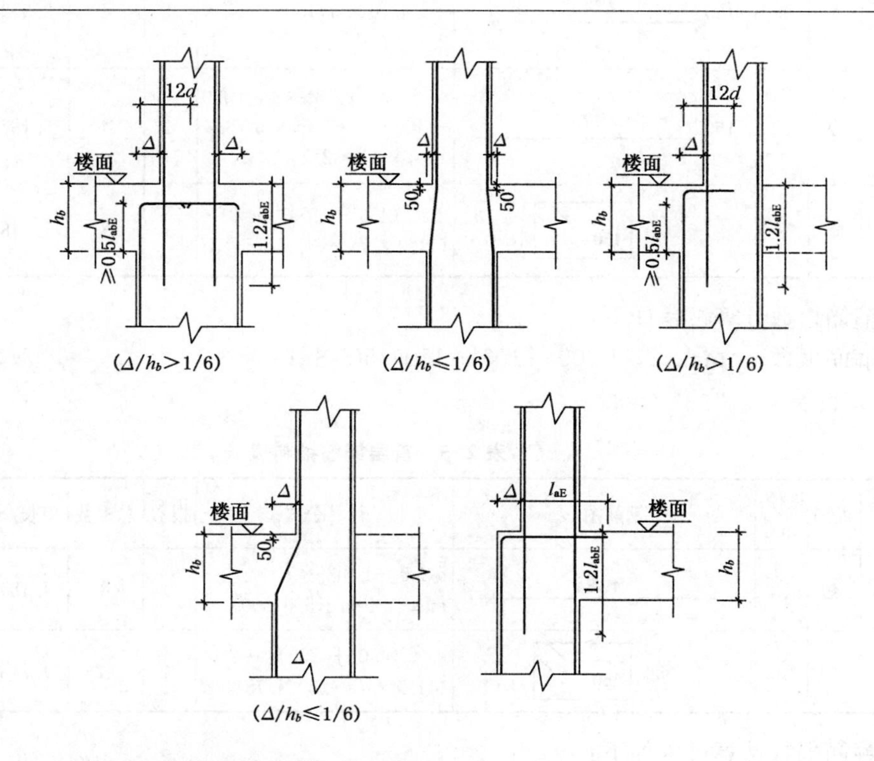(1) $\Delta/h_b \leqslant 1/6$ 时，钢筋弯折连续通过 (2) $\Delta/h_b > 1/6$ 时，上部钢筋下伸 $1.2l_{aE}$（从梁顶算起），下部钢筋伸到梁顶弯折 $12d$ (3) 当一侧无梁时，上部钢筋下伸 $1.2l_{aE}$，下部钢筋弯折长度 $= \Delta -$ 柱筋保护层厚度 $+ l_{aE}$ （构造图见 22G101-1　P2—16）

2.3　柱钢筋工程量计算实例

1）计算广州某办公楼 KZ3 的钢筋工程量

解:通过读图、查找柱钢筋计算公式和计算数据。

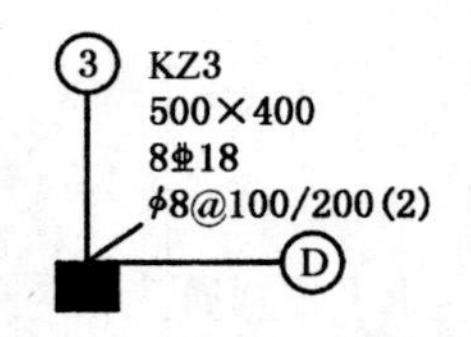

图 2-4　KZ3 平面图

基础保护层厚度为 40 mm,柱保护层厚度为 25 mm, $l_{aE}=42d$,一级钢量度差值 $=1.75d$,三级钢量度差值 $=2.29d$,箍筋(一级钢)弯弧段长度 $=1.9d$,柱纵筋采用机械连接。(其他例题需要的数据可由学生自行查找,不再赘述)

KZ3 钢筋工程量计算如表 2-4 至表 2-7 所示。

① 基础层

表 2-4　基础层钢筋抽料表

筋号	级别	直径/mm	钢筋图形	计算公式	根数	总根数	单长/m	总长/m	总重/kg
柱低位纵筋	Φ	18	150 2 543	4 750/3＋1 000－100－40＋max{6×d,150}－(1×2.29)×d	4	4	2.552	10.208	20.416
柱高位纵筋	Φ	18	150 3 173	4 750/3＋1×35×d＋1 000－100－40＋max{6×d,150}－(1×2.29)×d	4	4	3.182	12.728	25.456
箍筋	ϕ	8	350 450	2×(450＋350)＋2×(11.9×d)－(3×1.75)×d	3	3	1.748	5.244	2.07

箍筋根数计算过程如下:

箍筋根数 ＝ max{2,(1 000－100－150)/500＋1} ＝ 3

② 首层

表 2-5　首层钢筋抽料表

筋号	级别	直径/mm	钢筋图形	计算公式	根数	总根数	单长/m	总长/m	总重/kg
柱纵筋	Φ	18	4 184	5 250－1 583＋max{3 100/6,500,500}	8	8	4.184	33.472	66.944
箍筋	ϕ	8	350 450	2×(450＋350)＋2×(11.9×d)－(3×1.75)×d	42	42	1.748	73.416	28.98

箍筋根数计算过程如下:

节点内和节点下方箍筋根数:(500＋max{4750/6,500,500})/100＋1 ＝ 14

柱下方非连接区高度范围箍筋根数:(4 750/3－50)/100＋1 ＝ 17

柱中间非加密区箍筋根数:(5 250－500－792－1 583)/200－1 ＝ 11

合计根数:14＋17＋11 ＝ 42

③ 二层

表 2-6 二层钢筋抽料表

筋号	级别	直径/mm	钢筋图形	计算公式	根数	总根数	单长/m	总长/m	总重/kg
柱纵筋	⏀	18	3 600	3 600−517+max{3 100/6,500,500}	8	8	3.6	28.8	57.6
箍筋	ϕ	8	350 450	2×(450+350)+2×(11.9×d)−(3×1.75)×d	28	28	1.748	48.944	19.32

箍筋根数计算过程如下：

节点内和节点下方箍筋根数：(500 + max{3 100/6,500,500})/100 + 1 = 12

柱下方非连接区高度范围箍筋根数：(max{3 100/6,500,500} − 50)/100 + 1 = 6

柱中间非加密区箍筋根数：(3 600 − 500 − 517 − 517)/200 − 1 = 10

合计根数：12 + 6 + 10 = 28

④ 三层

表 2-7 三层钢筋抽料表

筋号	级别	直径/mm	钢筋图形	计算公式	根数	总根数	单长/m	总长/m	总重/kg
柱低位纵筋	⏀	18	216 3 058	3 600−517−500+500−25+12×d−(1×2.29)×d	4	4	3.233	12.932	25.864
柱高位纵筋	⏀	18	216 2 428	3 600−1 147−500+500−25+12×d−(1×2.29)×d	4	4	2.603	10.412	20.824
箍筋	ϕ	8	350 450	2×(450+350)+2×(11.9×d)−(3×1.75)×d	28	28	1.748	48.944	19.32

箍筋根数计算同二层。

2）计算广州某办公楼 ④/Ⓐ 处 KZ1 的钢筋工程量

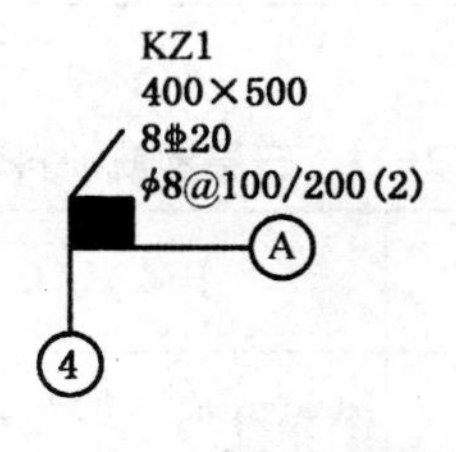

图 2-5 KZ1 平面图

解：(1) 通过读图、查找柱钢筋计算公式和计算数据，KZ1 钢筋工程量计算如表 2-8 至表 2-11所示。

① 基础层

表 2-8　基础层钢筋抽料表

筋号	级别	直径/mm	钢筋图形	计算公式	根数	总根数	单长/m	总长/m	总重/kg
柱低位纵筋	Φ̲	20	150 2 543	4 750/3＋1 000－100－40＋max{6×d,150}－(1×2.29)×d	4	4	2.547	10.188	25.144
柱高位纵筋	Φ̲	20	150 3 243	4 750/3＋1×35×d＋1 000－100－40＋max{6×d,150}－(1×2.29)×d	4	4	3.247	12.988	32.054
箍筋	Φ	8	350 450	2×(450＋350)＋2×(11.9×d)－(3×1.75)×d	3	3	1.748	5.244	2.071

② 首层

表 2-9　首层钢筋抽料表

筋号	级别	直径/mm	钢筋图形	计算公式	根数	总根数	单长/m	总长/m	总重/kg
柱纵筋	Φ̲	20	4 184	5 250－1 583＋max{3 100/6,500,500}	8	8	4.184	33.472	82.609
箍筋	Φ	8	350 450	2×(450＋350)＋2×(11.9×d)－(3×1.75)×d	42	42	1.748	73.416	28.991

③ 二层

表 2-10　二层钢筋抽料表

筋号	级别	直径/mm	钢筋图形	计算公式	根数	总根数	单长/m	总长/m	总重/kg
柱纵筋	Φ̲	20	3 600	3 600－517＋max{3 100/6,500,500}	8	8	3.6	28.8	71.078
箍筋	Φ	8	350 450	2×(450＋350)＋2×(11.9×d)－(3×1.75)×d	28	28	1.748	48.944	19.327

④ 三层

表 2-11　三层钢筋抽料表

筋号	级别	直径/mm	钢筋图形	计算公式	根数	总根数	单长/m	总长/m	总重/kg
柱低位纵筋	Φ̲	20	785 3 058	3 600－517－500＋1.5×42×d－(1×2.29)×d	1	1	3.797	3.797	9.379
柱低位纵筋	Φ̲	20	240 3 058	3 600－517－500＋500－25＋12×d－(1×2.29)×d	3	3	3.252	9.756	24.096

续表

筋号	级别	直径/mm	钢筋图形	计算公式	根数	总根数	单长/m	总长/m	总重/kg
柱高位纵筋	Φ	20	785 ⌊ 2 358	3 600−1 217−500+1.5×42×d−(1×2.29)×d	2	2	3.097	6.194	15.3
柱高位纵筋	Φ	20	240 ⌊ 2 358	3 600−1 217−500+500−25+12×d−(1×2.29)×d	2	2	2.552	5.104	12.606
箍筋	Φ	8	350 450	2×(450+350)+2×(11.9×d)−(3×1.75)×d	28	28	1.748	48.944	19.32

工作页 2

学习任务	柱钢筋工程量计算	建议学时	4
学习目标	1. 能识读柱钢筋施工图； 2. 能正确计算柱钢筋工程量； 3. 能正确区分中柱和边角柱钢筋计算区别		
任务描述	本任务需要先识读图纸，找到柱钢筋数据；通过查找计算公式和基础数据，在钢筋抽料表中完成柱钢筋工程量计算		
学习过程	查阅广州市某办公楼图纸，仔细阅读结构设计说明、柱结构图、基础详图，并完成以下学习内容： 引导性问题 1：KZ2 里有哪些钢筋？ 引导性问题 2：①/Ⓒ处的 KZ2 和③/Ⓒ处的 KZ2 的钢筋量是否一样？		

续表

学习任务	柱钢筋工程量计算	建议学时	4
学习过程	引导性问题 3:通过查找柱钢筋计算公式,在钢筋抽料表中完成 KZ2 钢筋工程量计算		
• 课后要求	完成图纸中其他柱的钢筋工程量计算		

3 梁钢筋工程量计算

3.1 梁平法识图基础知识

3.1.1 梁分类

按 22G101—1 平法构造图集,梁有如表 3-1 所示几种类型。

表 3-1 梁分类

梁类型	代号
楼层框架梁	KL
楼层框架扁梁	KBL
屋面框架梁	WKL
框支梁	KZL
托柱转换梁	TZL
非框架梁	L
悬挑梁	XL
井字梁	JZL

3.1.2 梁钢筋分类

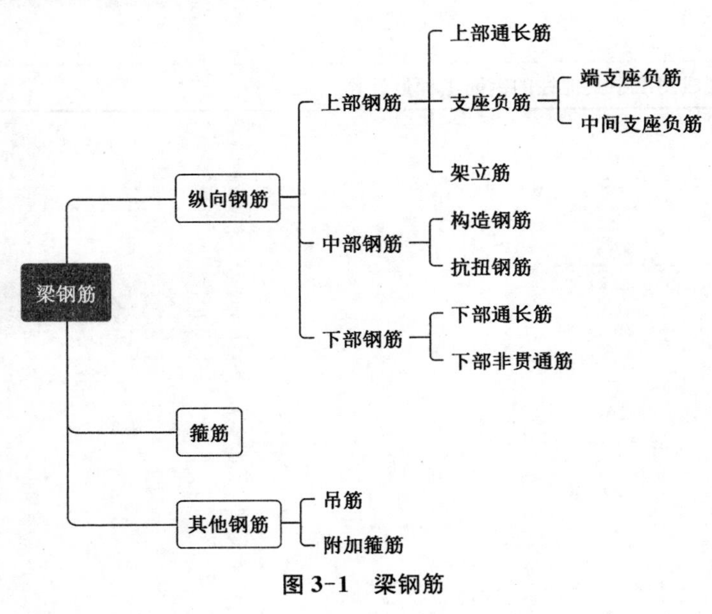

图 3-1 梁钢筋

3.1.3 梁钢筋识图实例

1）识读广州某办公楼二层梁 KL3 的钢筋

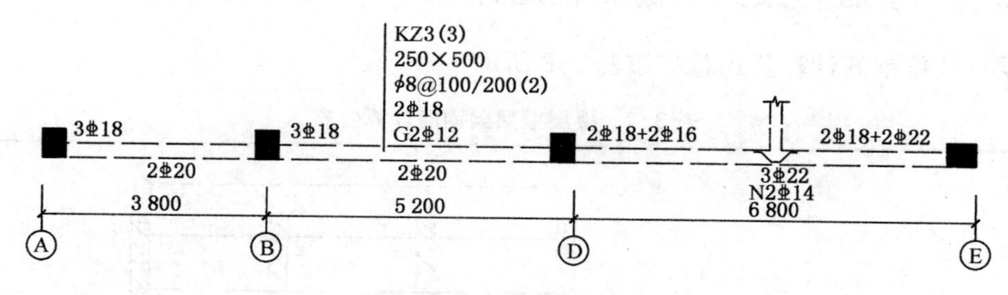

图 3-2 KL3 平面图

解:识读 KL3 平面图和结构设计说明,KL3 的钢筋分布见图 3-3、图 3-4。

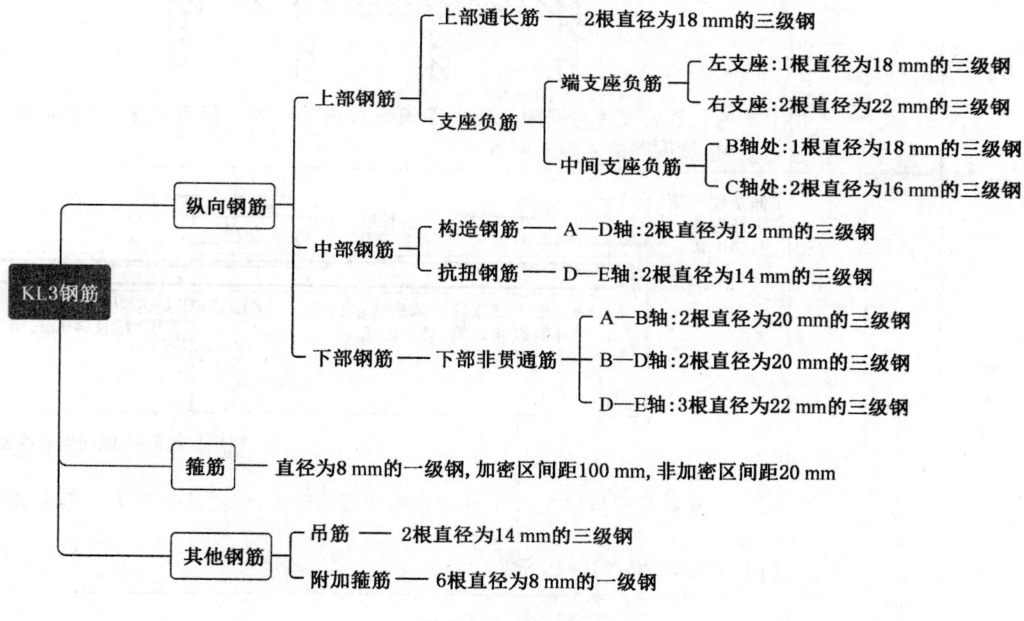

图 3-3 KL3 钢筋

上部钢筋 2Φ18 1Φ18 1Φ18 2Φ16 2Φ22

中部钢筋 G2Φ12 N2Φ14

下部钢筋 2Φ20 2Φ20 3Φ22

图 3-4 KL3 纵向钢筋分离图

3.2 梁钢筋工程量计算

3.2.1 楼层框架梁钢筋工程量计算

楼层框架梁钢筋计算公式总结如表 3-2 所示。

表 3-2 楼层框架梁钢筋计算公式

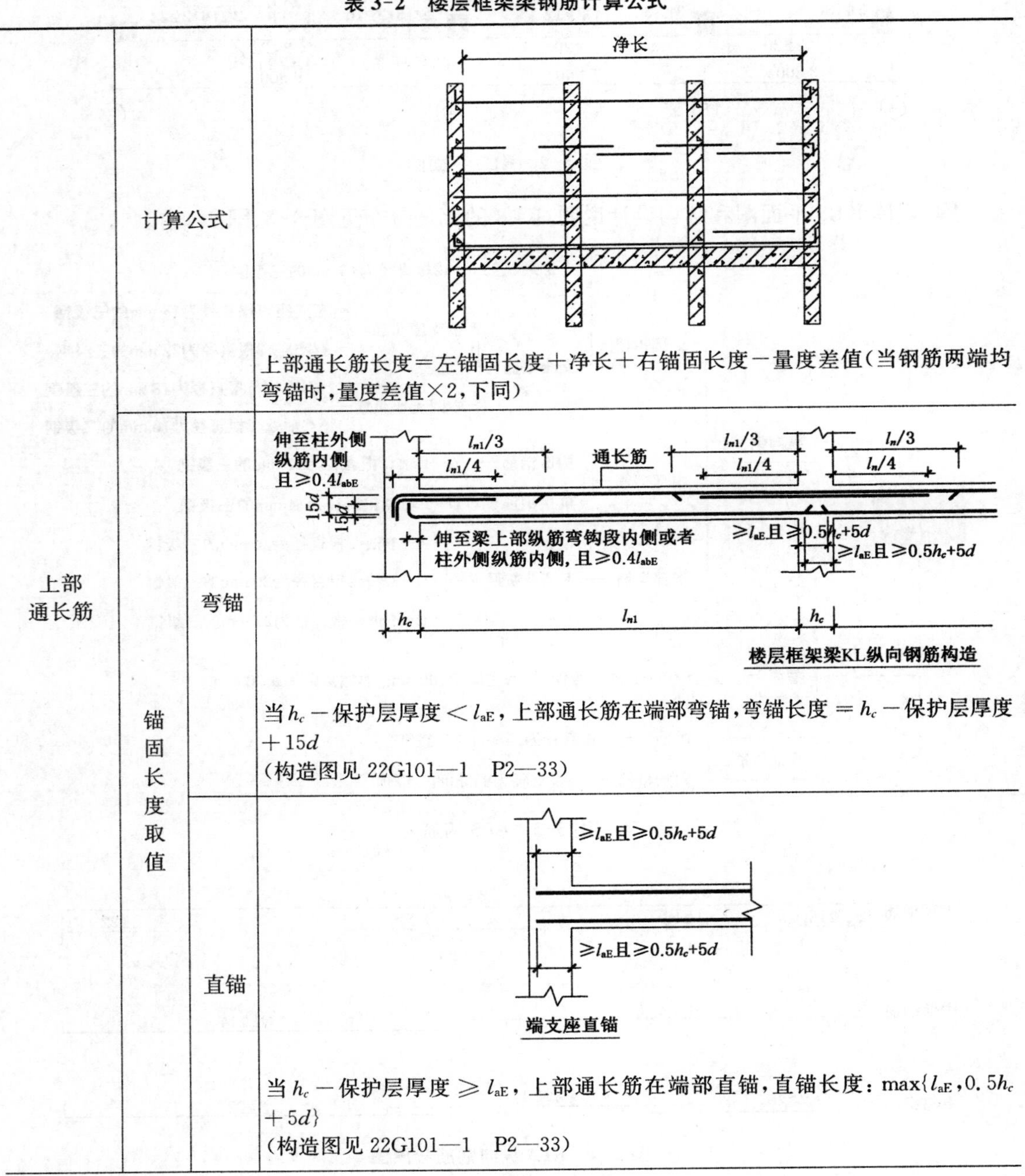

上部通长筋	计算公式		上部通长筋长度＝左锚固长度＋净长＋右锚固长度－量度差值(当钢筋两端均弯锚时，量度差值×2，下同)
	锚固长度取值	弯锚	当 h_c －保护层厚度＜ l_{aE}，上部通长筋在端部弯锚，弯锚长度 ＝ h_c －保护层厚度＋15d (构造图见 22G101—1 P2—33)
		直锚	当 h_c －保护层厚度 ≥ l_{aE}，上部通长筋在端部直锚，直锚长度：max{l_{aE}，0.5h_c＋5d} (构造图见 22G101—1 P2—33)

续表

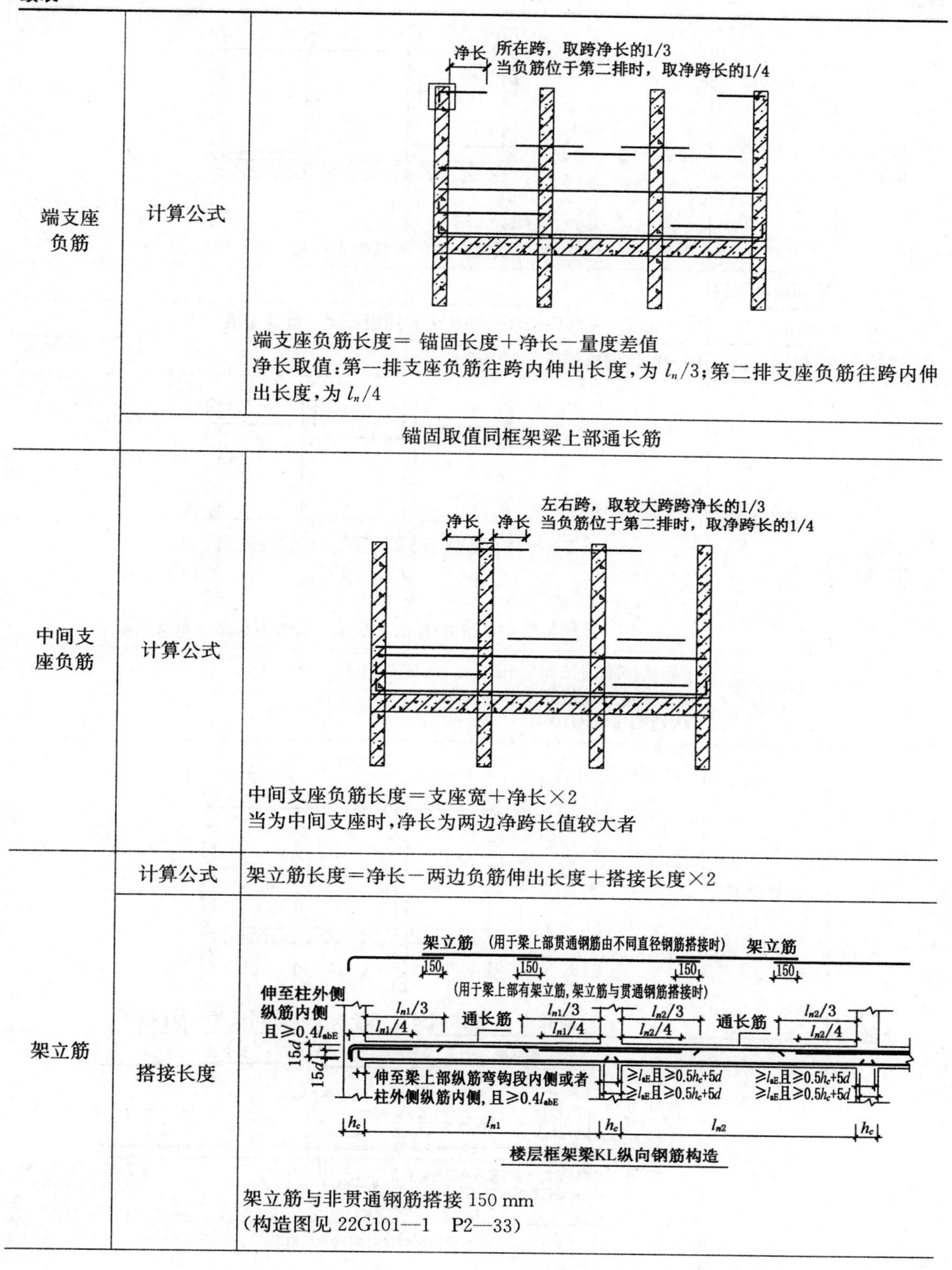

端支座负筋	计算公式	端支座负筋长度＝ 锚固长度＋净长－量度差值 净长取值：第一排支座负筋往跨内伸出长度，为 $l_n/3$；第二排支座负筋往跨内伸出长度，为 $l_n/4$
	锚固取值同框架梁上部通长筋	
中间支座负筋	计算公式	中间支座负筋长度＝支座宽＋净长×2 当为中间支座时，净长为两边净跨长值较大者
架立筋	计算公式	架立筋长度＝净长－两边负筋伸出长度＋搭接长度×2
	搭接长度	架立筋与非贯通钢筋搭接 150 mm （构造图见 22G101—1　P2—33）

续表

构造钢筋	计算长度	计算长度＝左锚固长度＋净长＋右锚固长度
	锚固长度取值	$15d$
抗扭钢筋	计算长度	计算长度＝左锚固长度＋净长＋右锚固长度－量度差值
	锚固取值	锚固取值同框架梁下部钢筋
下部非贯通筋	计算公式	计算长度 ＝左锚固长度＋净长＋右锚固长度－量度差值
	锚固长度取值	中间支座锚固长度为 $\max\{l_{aE}, 0.5h_c+5d\}$ 端支座锚固取值同上部通长筋 （构造图见 22G101—1　P2—33）
下部通长筋	计算公式	净长 计算长度 ＝左锚固长度＋净长＋右锚固长度－量度差值
	锚固长度取值	架立筋（用于梁上部贯通钢筋由不同直径钢筋搭接时）架立筋 150　150　150　150 （用于梁上部有架立筋，架立筋与贯通钢筋搭接时） 伸至柱外侧纵筋内侧且 $\geq 0.4l_{abE}$ $l_{n1}/3$　$l_{n1}/4$　通长筋　$l_{n1}/3$　$l_{n1}/4$　$l_{n2}/3$　$l_{n2}/4$　通长筋　$l_{n2}/3$　$l_{n2}/4$ $15d$　$15d$ 伸至梁上部纵筋弯钩段内侧或者柱外侧纵筋内侧，且 $\geq 0.4l_{abE}$ $\geq l_{aE}$ 且 $\geq 0.5h_c+5d$ h_c　l_{n1}　h_c　l_{n2}　h_c 楼层框架梁KL纵向钢筋构造 锚固取值同上部通长筋

续表

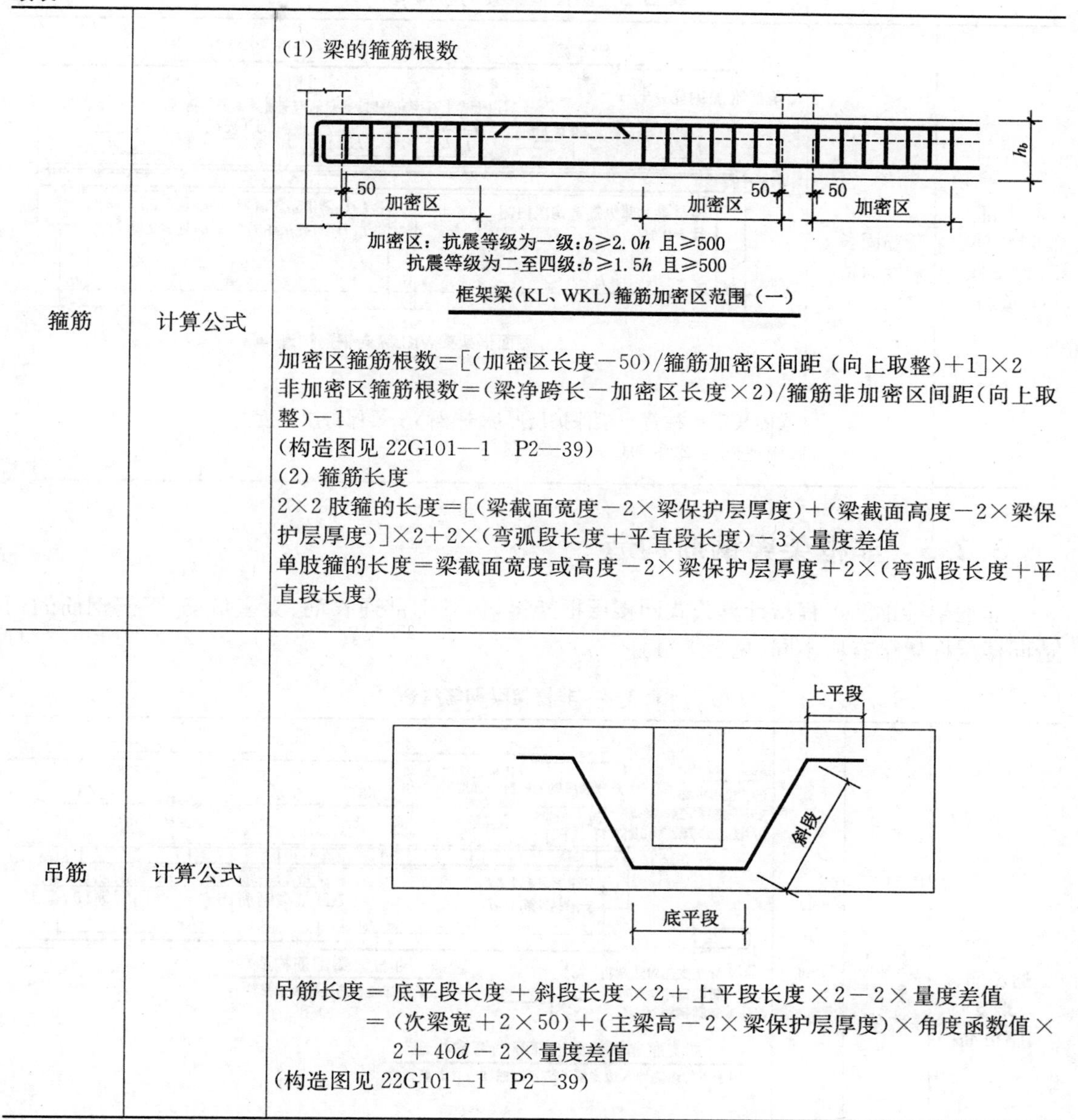

箍筋	计算公式	(1) 梁的箍筋根数 框架梁(KL、WKL)箍筋加密区范围(一) 加密区箍筋根数＝[(加密区长度－50)/箍筋加密区间距(向上取整)＋1]×2 非加密区箍筋根数＝(梁净跨长－加密区长度×2)/箍筋非加密区间距(向上取整)－1 (构造图见 22G101—1 P2—39) (2) 箍筋长度 2×2 肢箍的长度＝[(梁截面宽度－2×梁保护层厚度)＋(梁截面高度－2×梁保护层厚度)]×2＋2×(弯弧段长度＋平直段长度)－3×量度差值 单肢箍的长度＝梁截面宽度或高度－2×梁保护层厚度＋2×(弯弧段长度＋平直段长度)
吊筋	计算公式	吊筋长度＝底平段长度＋斜段长度×2＋上平段长度×2－2×量度差值 ＝(次梁宽＋2×50)＋(主梁高－2×梁保护层厚度)×角度函数值×2＋40d－2×量度差值 (构造图见 22G101—1 P2—39)

3.2.2 屋面框架梁钢筋构造

屋面框架梁钢筋工程量计算公式同楼层框架梁，但其上部通长筋、端支座负筋锚固构造同楼层框架梁有所不同，见表 3-3。

表 3-3　屋面框架梁钢筋构造

<table>
<tr><td>上部通长筋、端支座负筋</td><td>锚固长度取值</td><td>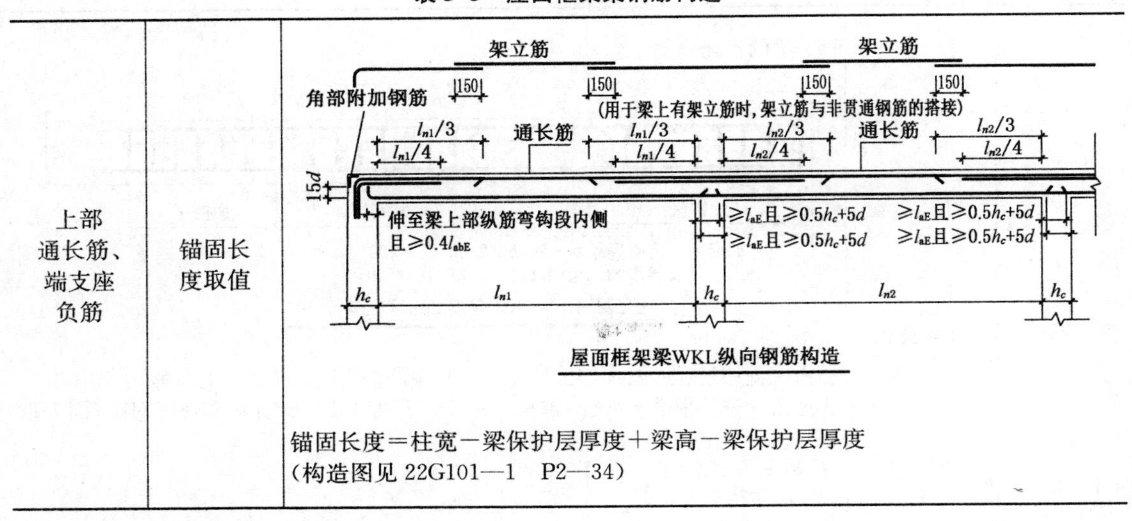

锚固长度＝柱宽－梁保护层厚度＋梁高－梁保护层厚度
（构造图见 22G101—1　P2—34）</td></tr>
</table>

3.2.3　非框架梁钢筋构造

非框架梁钢筋工程量计算公式同楼层框架梁，但其上部通长筋、支座负筋、下部钢筋的构造同楼层框架梁有所不同，见表 3-4。

表 3-4　非框架梁钢筋构造

<table>
<tr><td rowspan="2">上部通长筋、端支座负筋</td><td rowspan="2">锚固长度取值</td><td>弯锚</td><td>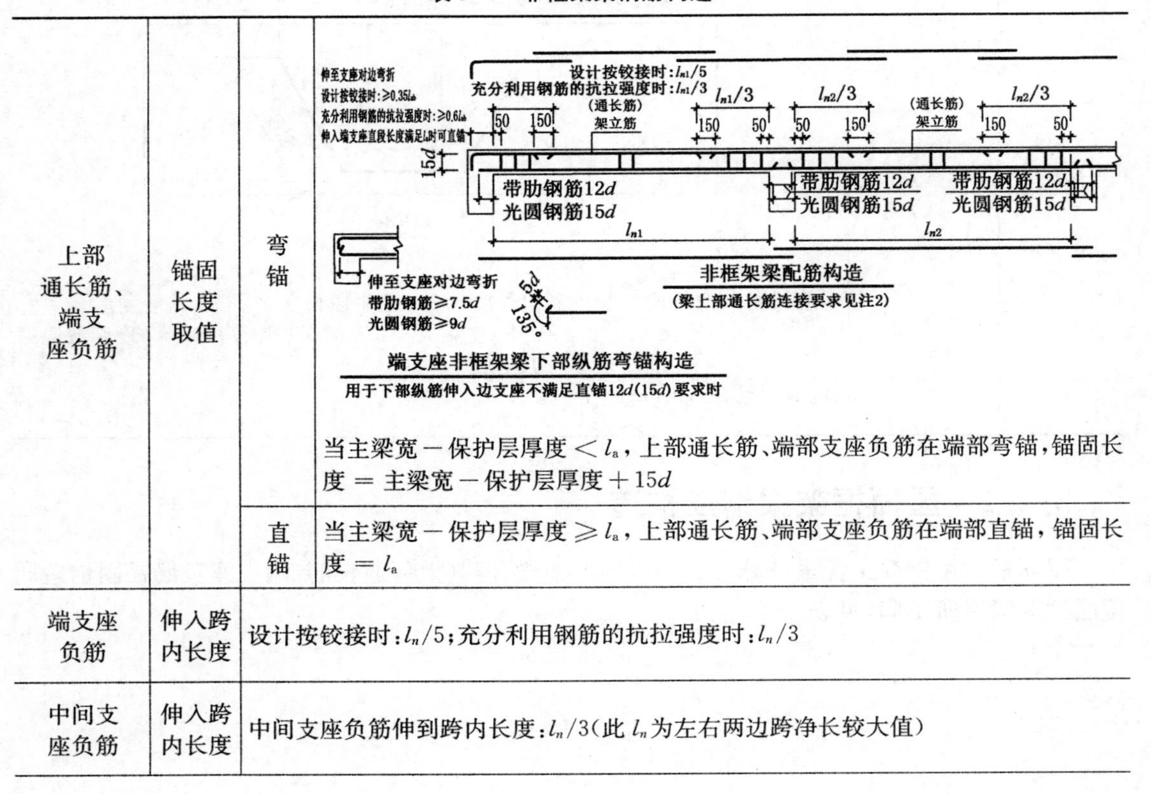

当主梁宽－保护层厚度＜l_a，上部通长筋、端部支座负筋在端部弯锚，锚固长度＝主梁宽－保护层厚度＋15d</td></tr>
<tr><td>直锚</td><td>当主梁宽－保护层厚度≥l_a，上部通长筋、端部支座负筋在端部直锚，锚固长度＝l_a</td></tr>
<tr><td>端支座负筋</td><td>伸入跨内长度</td><td colspan="2">设计按铰接时：$l_n/5$；充分利用钢筋的抗拉强度时：$l_n/3$</td></tr>
<tr><td>中间支座负筋</td><td>伸入跨内长度</td><td colspan="2">中间支座负筋伸到跨内长度：$l_n/3$（此 l_n 为左右两边跨净长较大值）</td></tr>
</table>

续表

下部钢筋	锚固长度取值	直锚	当主梁宽－保护层厚度 $\geqslant l_a$，下部钢筋在端部直锚，锚固长度：带肋钢筋 $12d$
		弯锚	伸至支座对边弯折 带肋钢筋≥7.5d 光圆钢筋≥9d 5d 135° 端支座非框架梁下部纵筋弯锚构造 用于下部纵筋伸入边支座不满足直锚12d(15d)要求时 当主梁宽－保护层厚度 $< l_a$，下部钢筋在端部弯锚， 135°弯锚长度＝主梁宽－保护层厚度＋135°弯弧段长度＋5d 90°弯锚长度＝主梁宽－保护层厚度＋12d－量度差值 （构造图见 22G101—1 P2—40）

3.2.4 梁的悬挑端钢筋构造

梁的悬挑端钢筋构造见 22G101—1 P2—43。

表 3-5 梁的悬挑端钢筋构造

梁的悬挑端钢筋构造（悬挑端根部与框架梁上下平齐）	
构造图	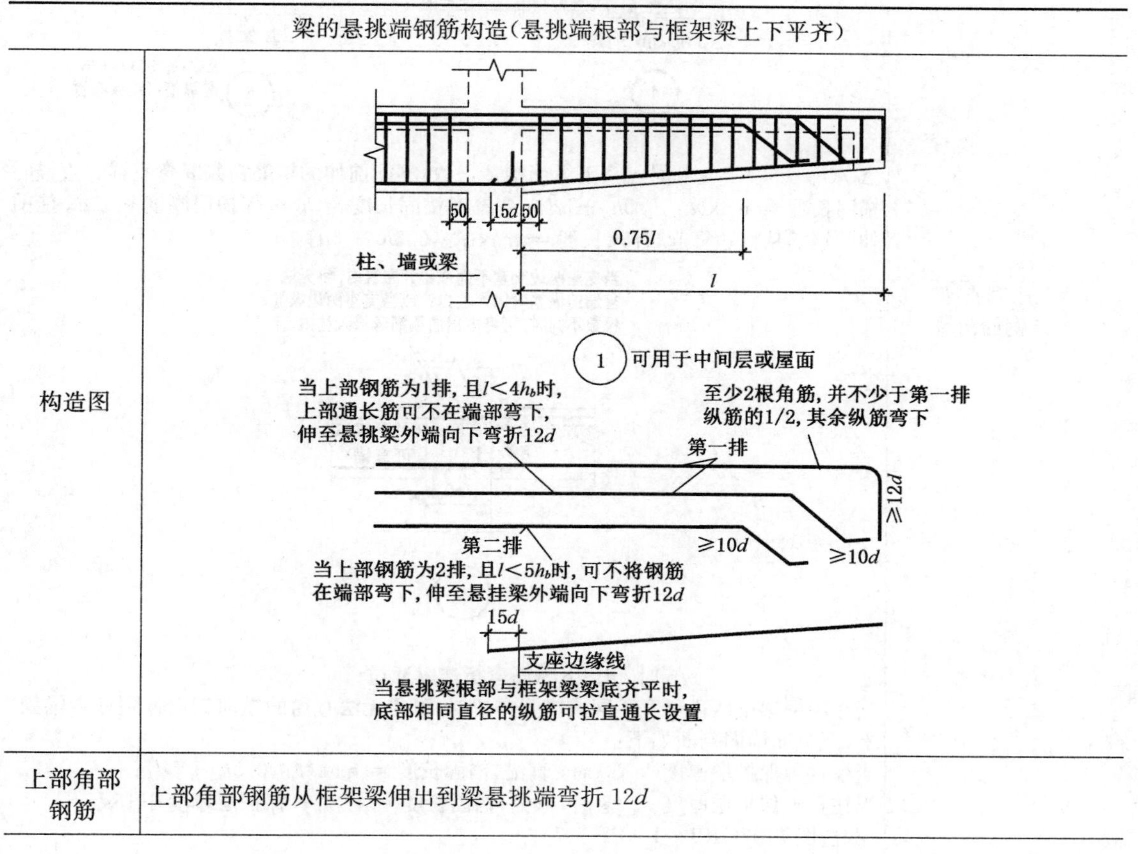
上部角部钢筋	上部角部钢筋从框架梁伸出到梁悬挑端弯折 12d

续表

梁的悬挑端钢筋构造(悬挑端根部与框架梁上下平齐)	
上部其他钢筋	上部第一排其他钢筋弯折45°到下部伸到梁端 上部第二排钢筋在0.75l处弯折45°到下部，平直段长度10d
下部钢筋	下部钢筋一边伸到支座内锚固，锚固长度 = 15d，另一边伸到梁端

梁的悬挑端钢筋其他钢筋计算同框架梁。

3.2.5 框架梁中间支座特殊构造

表3-6 框架梁中间支座特殊构造

KL中间支座纵向钢筋构造

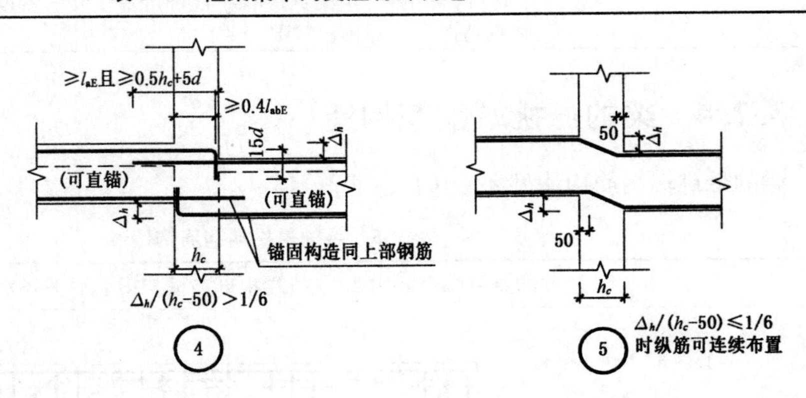

$\Delta_h/(h_c-50)>1/6$ 时，上、下纵筋构造一致，不能前伸的钢筋需判断弯直锚。直锚时锚固长度 = $\max\{l_{aE}, 0.5h_c+5d\}$；弯锚时锚固长度 = h_c − 保护层厚度 + 15d。能前伸的钢筋从柱边算起，伸入长度 = $\max\{l_{aE}, 0.5h_c+5d\}$

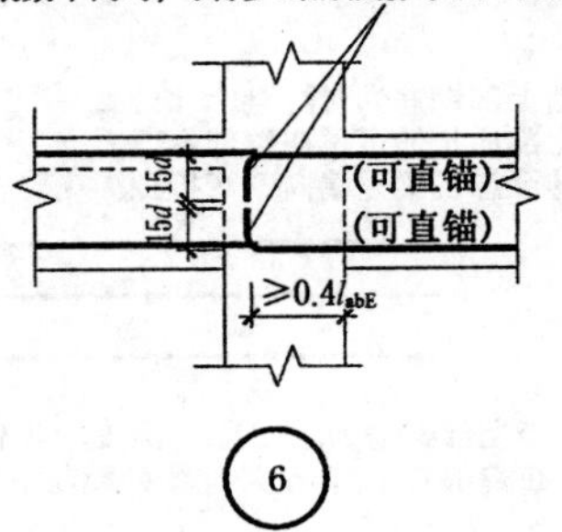

$\Delta_h/(h_c-50)\leqslant 1/6$ 时，上、下纵筋弯折连续通过

当楼层框架梁两边梁宽不同或错开布置时，可将无法直通的纵向钢筋伸到柱内锚固。上、下纵筋锚固判断如下：

当柱宽 − 保护层厚度 > l_{aE} 时，直锚，锚固长度 = $\max\{l_{aE}, 0.5h_c+5d\}$；

当柱宽 − 保护层厚度 ≤ l_{aE} 时，弯锚，锚固长度 = 柱宽 − 保护层厚度 + 15d

(构造图见22G101—1 P2—37)

续表

WKL 中间支座纵向钢筋构造	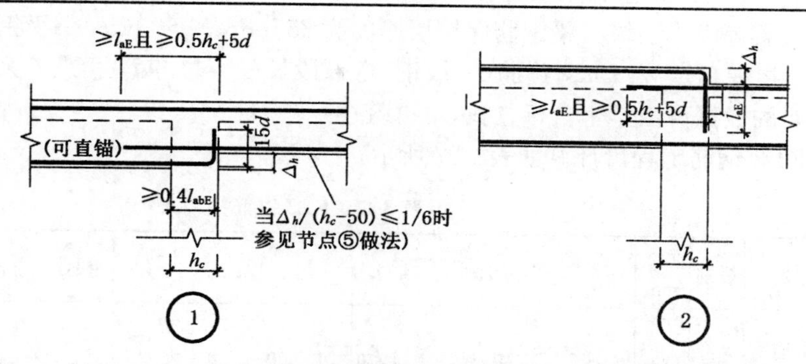 $\Delta_h/(h_c-50)>1/6$时，不能前伸的钢筋需判断弯直锚。直锚时锚固长度 $=\max\{l_{aE},0.5h_c+5d\}$；弯锚时锚固长度 $=h_c-$保护层厚度$+15d$ $\Delta_h/(h_c-50)\leqslant 1/6$时，纵筋弯折连续通过 平齐部位的钢筋连续通过 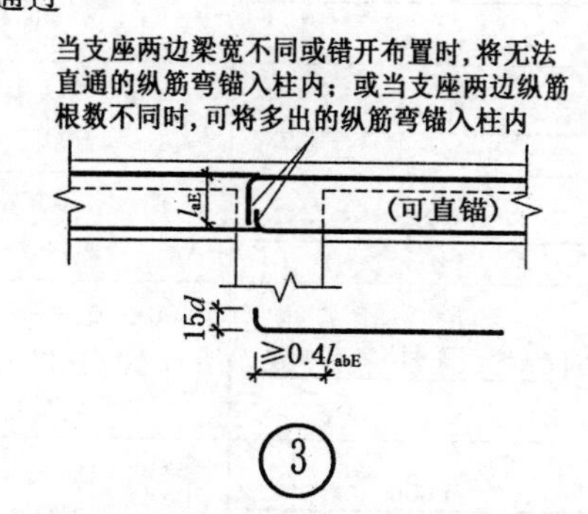 当屋面框架梁两边梁宽不同或错开布置时，可将无法直通的纵向钢筋伸到柱内锚固 上部纵筋伸到柱边弯折，锚固长度 = 柱宽 − 保护层厚度 $+l_{aE}$ 下部纵筋锚固判断如下： 当柱宽−保护层厚度 $>l_{aE}$ 时，直锚，锚固长度 $=\max\{l_{aE},0.5h_c+5d\}$； 当柱宽−保护层厚度 $\leqslant l_{aE}$ 时，弯锚，锚固长度 = 柱宽 − 保护层厚度 $+15d$ (构造图见 22G101—1　P2—37)

3.3 梁钢筋工程量计算案例

1）计算广州某办公楼二层梁 KL3 和天面层梁 WKL3 的钢筋工程量

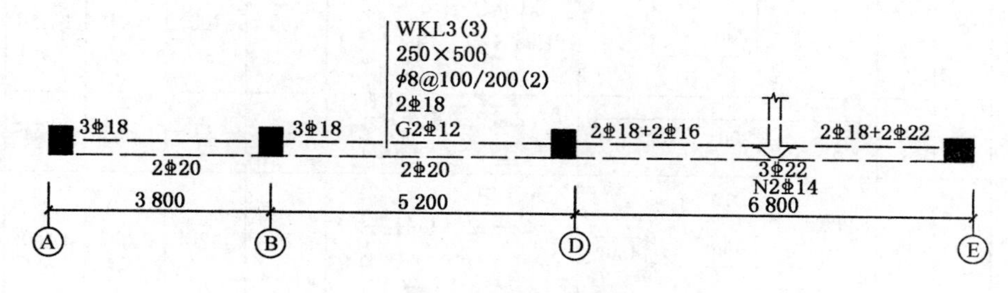

图 3-5　KL3 平面图

解:(1) 读图,查找钢筋计算公式,计算数据。

抗震等级为三级。梁钢筋保护层厚度为25 mm,$l_{aE}=42d$,一级钢量度差值$=1.75d$,三级钢量度差值$=2.29d$,箍筋(一级钢)弯弧段长度$=1.9d$,梁纵筋采用机械连接。(其他例题需要的数据可由学生自行查找,不再赘述)

KL3钢筋工程量计算如表3-7所示。

表3-7　KL3钢筋抽料表

筋号	级别	直径/mm	钢筋图形	计算公式	根数	总根数	单长/m	总长/m	总重/kg
上部通长筋	Φ	18	270 15 750 270	$400-25+15\times d+14\,900+500-25+15\times(2\times2.29)\times d$	2	2	16.208	32.416	64.832
左支座负筋	Φ	18	270 1 442	$400-25+15\times d+3\,200/3-(1\times2.29)\times d$	1	1	1.671	1.671	3.342
中间支座负筋	Φ	18	3 466	$4\,600/3+400+4\,600/3$	1	1	3.466	3.466	6.932
1跨侧面构造钢筋	Φ	12	8 560	$15\times d+8\,200+15\times d$	2	2	8.56	17.12	15.202
1跨下部钢筋	Φ	20	300 4 415	$400-25+15\times d+3\,200+42\times d-(1\times2.29)\times d$	2	2	4.669	9.338	23.064
中间支座负筋	Φ	16	4 600	$6\,300/3+400+6\,300/3$	2	2	4.6	9.2	14.536
2跨下部钢筋	Φ	20	6 280	$42\times d+4\,600+42\times d$	2	2	6.28	12.56	31.024
右支座负筋	Φ	22	330 2 575	$6\,300/3+500-25+15\times d-(1\times2.29)\times d$	2	2	2.855	5.71	17.016
3跨侧面受扭钢筋	Φ	14	210 7 363	$42\times d+6\,300+500-25+15\times d-(1\times2.29)\times d$	2	2	7.541	15.082	18.25
3跨下部钢筋	Φ	22	330 7 699	$42\times d+6\,300+500-25+15\times d-(1\times2.29)\times d$	3	3	7.979	23.937	71.331
箍筋	Φ	8	450 200	$2\times[(250-2\times25)+(500-2\times25)]+2\times(11.9\times d)-(3\times1.75)\times d$	100	100	1.448	144.8	57.2
拉筋	Φ	6	200	$(250-2\times25)+2\times(75+1.9\times d)$	39	39	0.373	14.547	3.237
吊筋	Φ	14	280 45° 300 450	$200+2\times50+2\times20\times d+2\times1.414\times(500-2\times25)-(2\times0.67)\times d$	2	2	2.114	4.228	5.116

其中箍筋和拉筋根数计算过程如下：

箍筋加密区长度 = max{1.5h_b,500} mm = 750 mm

加密区箍筋根数 = [(750 − 50)/100 + 1] × 6 = 48

非加密区箍筋根数 = [(3 200 − 1 500)/200 − 1] + [(4 600 − 1500)/200 − 1] + [(6 300 − 1 500)/200 − 1] = 46

箍筋根数 = 48 + 46 + 6 = 100

拉筋根数 = 3 200/400 + 1 + 4 600/400 + 1 + 6 300/400 + 1 = 39

(2) 通过读图、查找钢筋计算公式和计算数据，WKL3 钢筋工程量计算如表 3-8 所示。

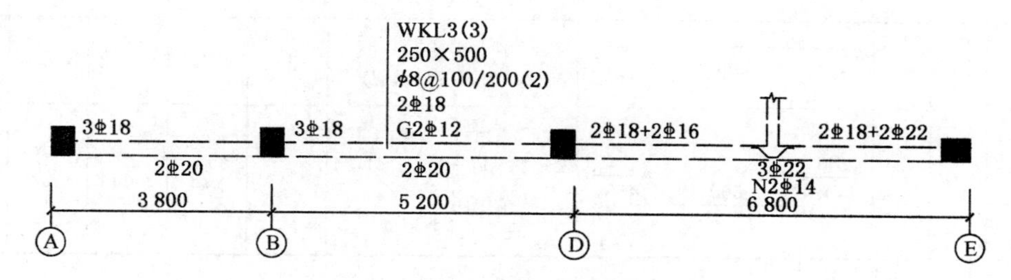

图 3-6 WKL3 平面图

表 3-8 WKL3 钢筋抽料表

筋号	级别	直径/mm	钢筋图形	计算公式	根数	总根数	单长/m	总长/m	总重/kg
上部通长筋	⏀	18	475 15 750 475	400 − 25 + 475 + 14 900 + 500 − 25 + 475 − (2 × 2.29) × d	2	2	16.618	33.236	66.472
左支座负筋	⏀	18	475 1 442	400 − 25 + 475 + 3 200/3 − (1 × 2.29) × d	1	1	1.876	1.876	3.752
中间支座负筋	⏀	18	3 466	4 600/3 + 400 + 4 600/3	1	1	3.466	3.466	6.932
侧面构造钢筋	⏀	12	8 560	15 × d + 8 200 + 15 × d	2	2	8.56	17.12	15.202
1 跨下部钢筋	⏀	20	300 4 415	4 500 − 25 + 15 × d + 3 200 + 42 × d − (1 × 2.29) × d	2	2	4.669	9.338	23.064
中间支座负筋	⏀	16	4 600	6 300/3 + 400 + 6 300/3	2	2	4.6	9.2	14.536
2 跨下部钢筋	⏀	20	6 280	42 × d + 4 600 + 42 × d	2	2	6.28	12.56	31.024
右支座负筋	⏀	22	475 2 575	6 300/3 + 500 − 25 + 475 − (1 × 2.29) × d	2	2	3	6	17.88
侧面受扭钢筋	⏀	14	210 7 363	42 × d + 6 300 + 500 − 25 + 15 × d − (1 × 2.29) × d	2	2	7.541	15.082	18.25

续表

筋号	级别	直径/mm	钢筋图形	计算公式	根数	总根数	单长/m	总长/m	总重/kg
3跨下部钢筋	Φ	22	330 7 699	$42\times d+6\,300+500-25+15\times d-(1\times 2.29)\times d$	3	3	7.979	23.937	71.331
箍筋	φ	8	450 200	$2\times[250-2\times 25+(500-2\times 25)]+2\times(11.9\times d)-(3\times 1.75)\times d$	100	100	1.448	144.8	57.2
拉筋	φ	6	200	$(250-2\times 25)+2\times(75+1.9\times d)$	39	39	0.373	14.547	3.237
吊筋	Φ	14	280 45° 300 450	$200+2\times 50+2\times 20\times d+2\times 1.414\times(500-2\times 25)-(2\times 0.67)\times d$	2	2	2.114	4.228	5.116

2）计算广州某办公楼二层梁钢筋图中 KL6 的钢筋工程量

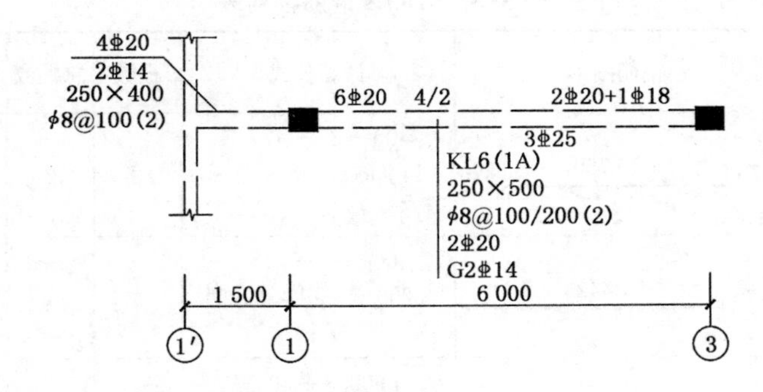

图 3-7　KL6 平面图

解：通过读图、查找钢筋计算公式和计算数据，KL6 钢筋工程量计算如表 3-9 所示。

表 3-9　KL6 钢筋抽料表

筋号	级别	直径/mm	钢筋图形	计算公式	根数	总根数	单长/m	总长/m	总重/kg
上部通长筋	Φ	20	300 7 650 240	$400-25+15\times d+7\,300+240-25-(2\times 2.29)\times d$	2	2	8.098	16.196	40.004
悬挑端跨中筋	Φ	20	350 200 3 100 45°	$400+5\,400/3+1\,500+(400-25\times 2)\times(1.414-1)-25-(1\times 0.67)\times d$	2	2	3.807	7.614	18.806
侧面构造钢筋	Φ	14	7 485	$15\times d+7\,300-25$	2	2	7.485	14.97	18.114

续表

筋号	级别	直径/mm	钢筋图形	计算公式	根数	总根数	单长/m	总长/m	总重/kg
悬挑端下部钢筋	Φ	14	1 685	15×d+1 500−25	2	2	1.685	3.37	4.078
左支座负筋	Φ	20	2 190	42×d+5 400/4	2	2	2.19	4.38	10.818
右支座负筋	Φ	18	270 2 175	5 400/3+400−25+15×d−(1×2.29)×d	1	1	2.404	2.404	4.808
下部钢筋	Φ	25	375 6 150 375	400−25+15×d+5 400+400−25+15×d−(2×2.29)×d	3	3	6.785	20.355	78.366
箍筋	ϕ	8	350 200	2×[(250−2×25)+(400−2×25)]+2×(11.9×d)−(3×1.75)×d	16	16	1.248	19.968	7.888
拉筋	ϕ	6	200	(250−2×25)+2×(75+1.9×d)	24	24	0.373	8.952	1.992
箍筋	ϕ	8	450 200	2×[(250−2×25)+(500−2×25)]+2×(11.9×d)−(3×1.75)×d	35	35	1.448	50.68	20.02

3）计算广州某办公楼二层梁钢筋图中 L2 的钢筋工程量

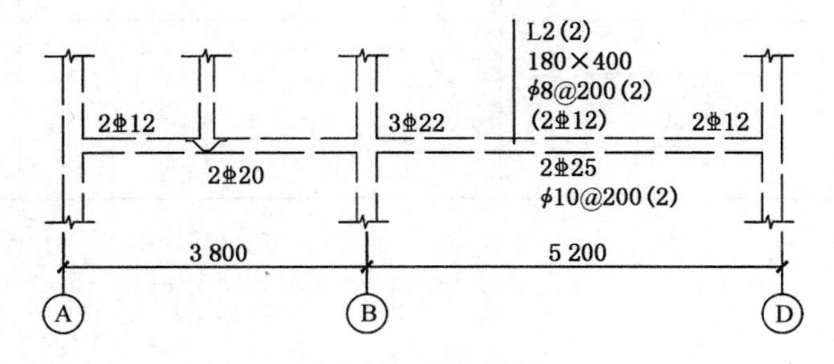

图 3-8　L2 平面图

解:通过读图、查找钢筋计算公式和计算数据,L2 钢筋工程量计算如表 3-10 所示。

表 3-10　L2 钢筋抽料表

筋号	级别	直径/mm	钢筋图形	计算公式	根数	总根数	单长/m	总长/m	总重/kg
左支座负筋	Φ	12	180 2 714	250−25+15×d+3 425/5−(1×2.29)×d	2	2	1.063	2.126	1.888

续表

筋号	级别	直径/mm	钢筋图形	计算公式	根数	总根数	单长/m	总长/m	总重/kg
1跨架立筋	Ф	12	L	3 425－3 425/5－4 825/3＋2×150	2	2	2.802	5.604	4.976
中间支座负筋	Ф	22	3 466	4 825/3＋250＋4 825/3	3	3	3.466	10.398	30.987
下部钢筋	Ф	20	100 135° 3 961 弯钩锚固端	250－25＋2.89×d＋5×d＋3 425＋12×d	2	2	4.048	8.096	19.98
右支座负筋	Ф	12	180 4 114	4 825/5＋250－25＋15×d－(1×2.29)×d	2	2	1.343	2.686	2.386
2跨架立筋	Ф	12	L	4 825－4 825/3－4 825/5＋2×150	2	2	2.552	5.104	4.532
下部钢筋	Ф	25	125 135° 5 439 弯钩锚固端	12×d＋4 825＋250－25＋2.89×d＋5×d	2	2	5.547	11.095	42.783
吊筋	Ф	14	280 45° 280 350	180＋2×50＋2×20×d＋2×1.414×(400－2×25)－(2×0.67)×d	2	2	1.811	3.622	4.382
箍筋	Φ	8	350 130	2×[(180－2×25)＋(400－2×25)]＋2×(11.9×d)－(3×1.75)×d	24	24	1.108	26.592	10.512
箍筋	Φ	10	350 130	2×[(180－2×25)＋(400－2×25)]＋2×(11.9×d)－(3×1.75)×d	25	25	1.145	28.625	17.65

工作页 3-1

学习任务一	梁钢筋工程量计算	建议学时	4
学习目标	1. 能识读梁钢筋施工图，说出其中钢筋种类； 2. 能正确计算框架梁钢筋工程量		
任务描述	本任务先识读图纸，找到梁钢筋数据；查找计算公式和计算数据，在钢筋抽料表中完成框架梁钢筋工程量计算		
学习过程	查阅广州市某办公楼图纸，仔细阅读结构设计说明、各层梁结构图，完成以下学习内容： 引导性问题 1：二层梁钢筋图中 KL2 和天面层梁钢筋图中 WKL2 里有哪些钢筋？ 引导性问题 2：通过查找梁计算公式，在钢筋抽料表中完成二层梁钢筋图中 KL2 钢筋工程量计算。		

续表

学习任务一	梁钢筋工程量计算	建议学时	4
学习过程	引导性问题 3:天面层梁钢筋图中 WKL2 的钢筋工程量是否和二层梁 KL2 一样?		
• 课后要求	完成图纸中其他框架梁的钢筋工程量计算		

工作页 3-2

学习任务二	梁钢筋工程量计算	建议学时	4
学习目标	能正确计算其他类型梁的钢筋工程量		
任务描述	本任务先识读图纸，找到梁钢筋数据；查找计算公式和计算数据，在钢筋抽料表中完成其他类型梁的钢筋工程量计算		
学习过程	查阅广州市某办公楼图纸，仔细阅读结构设计说明、各层梁结构图，并完成以下学习内容： 引导性问题 1：图纸中有其他类型梁吗？ 引导性问题 2：二层梁钢筋图中 L1 里有哪些钢筋？		

续表

学习任务二	梁钢筋工程量计算	建议学时	4
学习过程	引导性问题 3:二层梁钢筋图中 KL4 里有哪些钢筋? 引导性问题 4:通过查找梁计算公式和构造,在钢筋抽料表中完成二层梁钢筋图中 L1、KL4 钢筋工程量计算。		
• 课后要求	完成图纸中其他梁的钢筋工程量计算		

4 有梁楼盖钢筋工程量计算

4.1 有梁楼盖平法识图基础知识

4.1.1 板分类

板按平法构造图集22G101—1可分为有梁楼盖和无梁楼盖。有梁楼盖分为楼面板、屋面板、悬挑板。无梁楼盖分为柱上板带和跨中板带。

4.1.2 有梁楼盖钢筋分类

有梁楼盖的钢筋包含面筋、中部钢筋、底筋。面筋有上部贯通筋、上部非贯通筋、跨板受力筋、负筋、负筋分布筋、温度筋等;底筋有下部受力筋;中部钢筋为马凳筋。

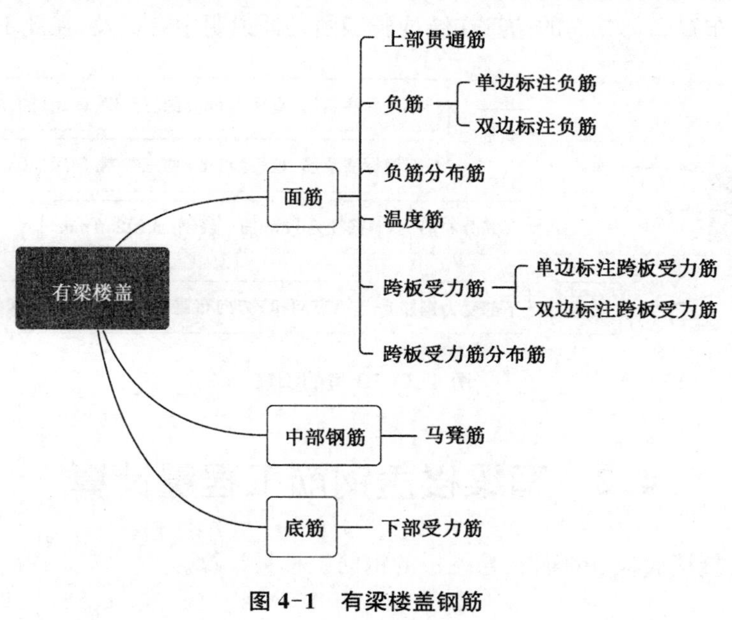

图4-1 有梁楼盖钢筋

4.1.3 有梁楼盖钢筋识图实例

识读广州某办公楼二层板图中 B3 的钢筋

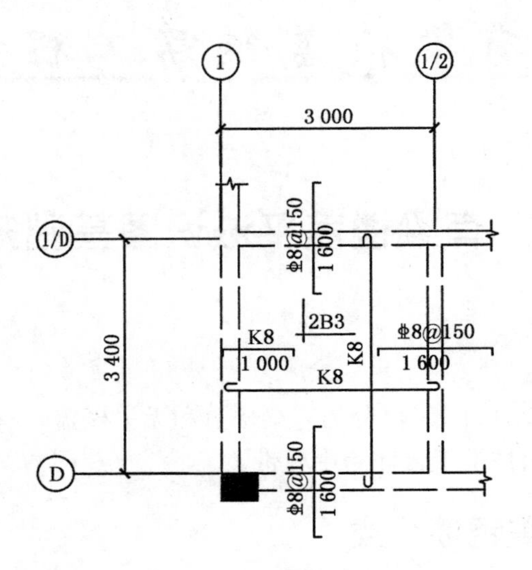

图 4-2 二层板钢筋图

解：K8 代表直径为 8 mm 的三级钢，按间距 180 mm 布置，分布筋为直径 6 mm 的一级钢，按间距 250 mm 布置。马凳筋的信息在结构施工图设计说明中有提及，在此不作考虑。

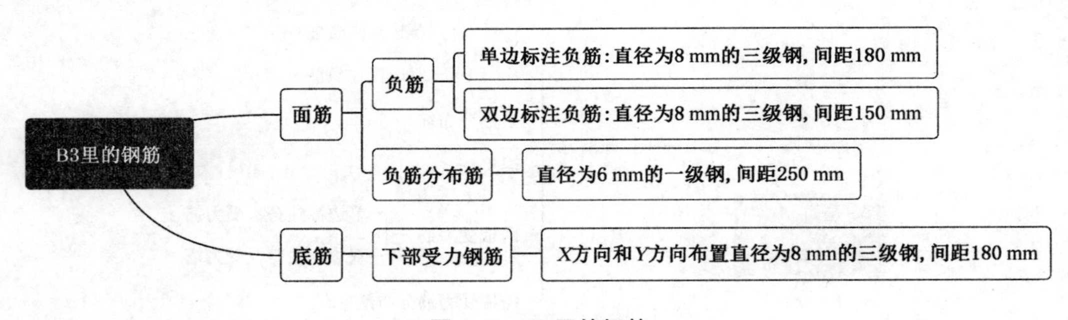

图 4-3 B3 里的钢筋

4.2 有梁楼盖钢筋工程量计算

本节主要讲授楼面板、屋面板、悬挑板的钢筋工程量计算。

4.2.1 楼面板、屋面板钢筋工程量计算

表 4-1 楼面板、屋面板钢筋计算公式

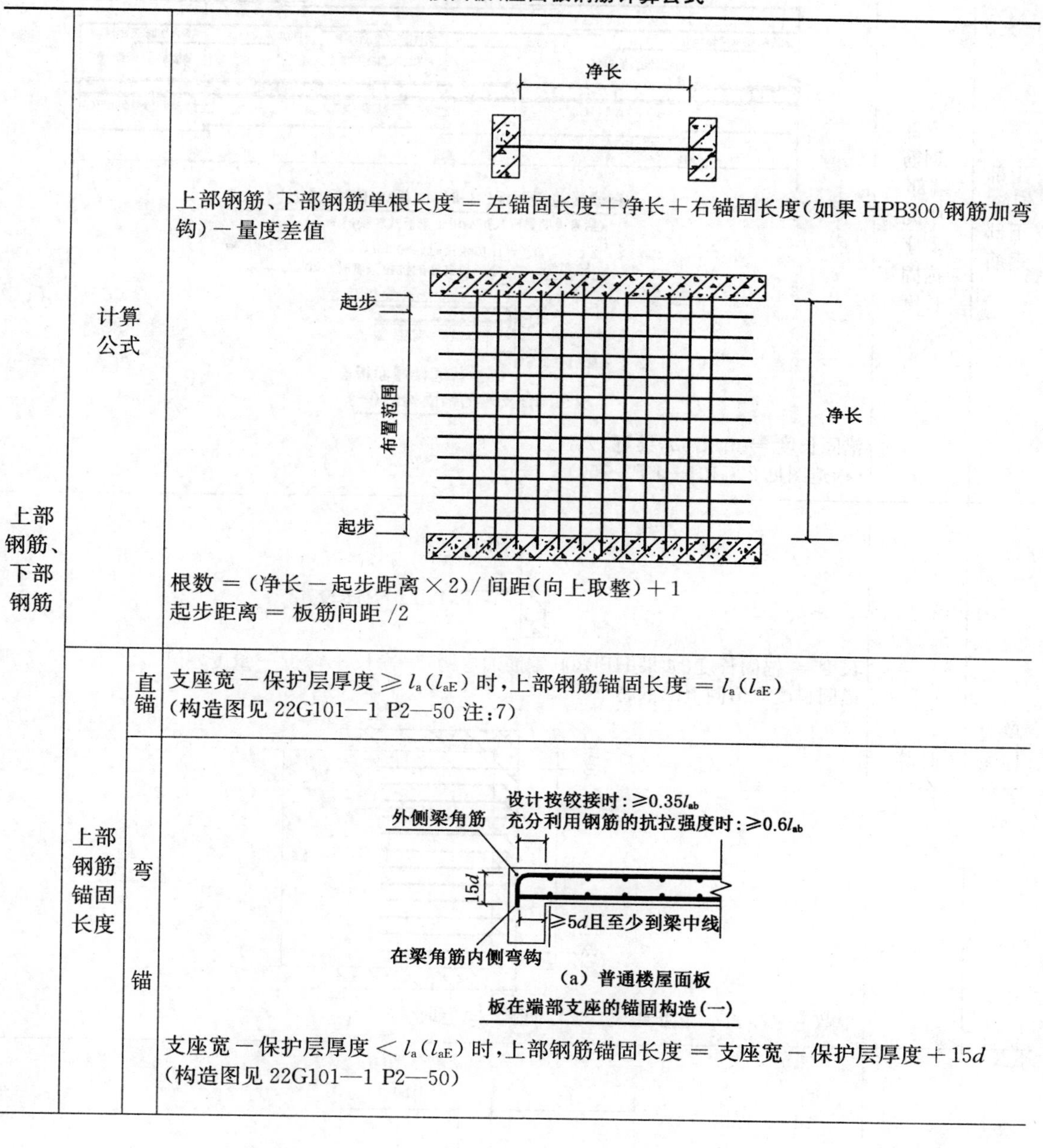

项目		内容
上部钢筋、下部钢筋	计算公式	上部钢筋、下部钢筋单根长度 = 左锚固长度 + 净长 + 右锚固长度（如果 HPB300 钢筋加弯钩）− 量度差值 根数 =（净长 − 起步距离 × 2）/ 间距（向上取整）+ 1 起步距离 = 板筋间距 /2
上部钢筋锚固长度	直锚	支座宽 − 保护层厚度 ≥ l_a（l_{aE}）时，上部钢筋锚固长度 = l_a（l_{aE}） （构造图见 22G101—1 P2—50 注：7）
	弯锚	（a）普通楼屋面板 板在端部支座的锚固构造（一） 支座宽 − 保护层厚度 < l_a（l_{aE}）时，上部钢筋锚固长度 = 支座宽 − 保护层厚度 + 15d （构造图见 22G101—1 P2—50）

续表

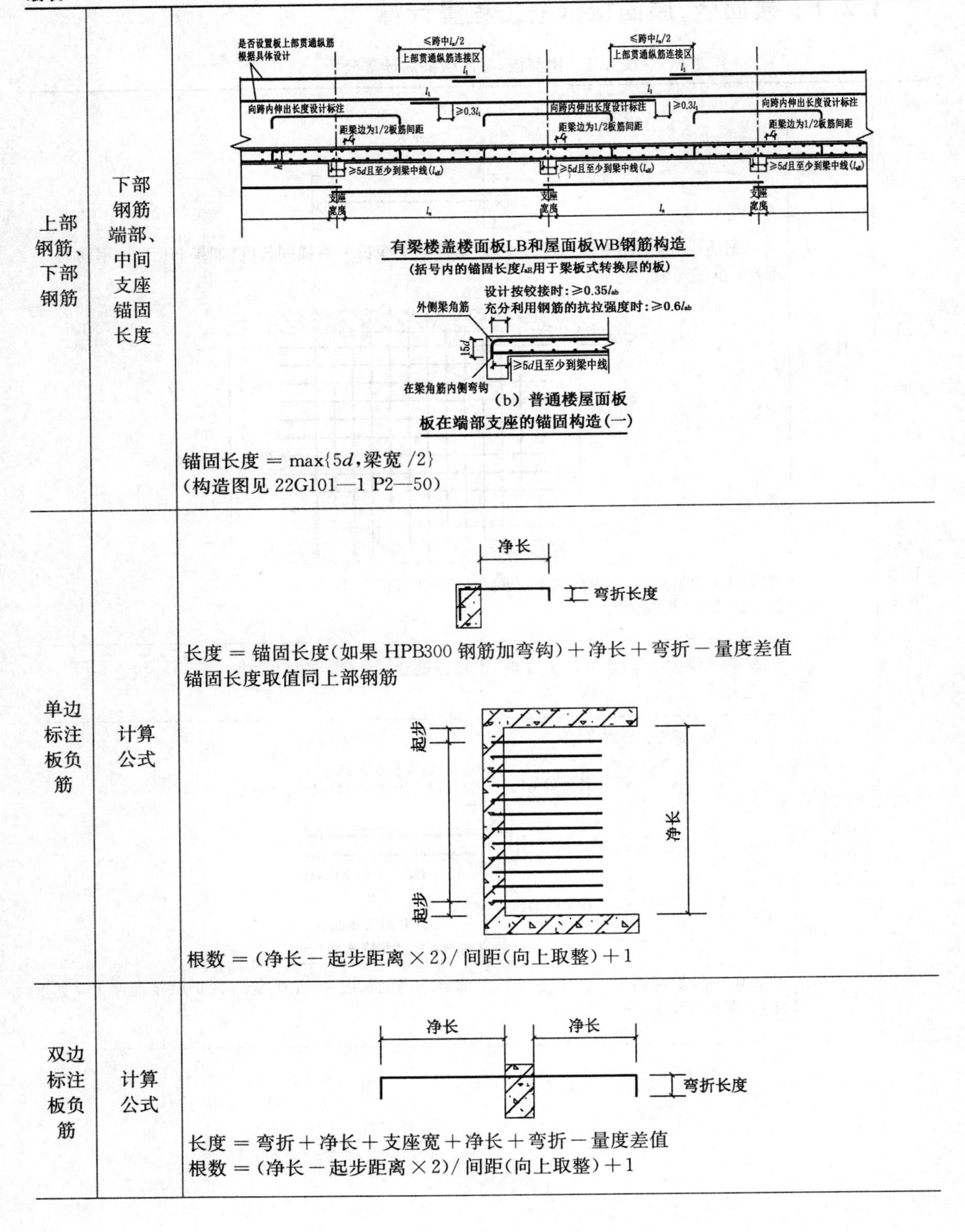

上部钢筋、下部钢筋	下部钢筋端部、中间支座锚固长度	有梁楼盖楼面板LB和屋面板WB钢筋构造 (括号内的锚固长度l_{aE}用于梁板式转换层的板) (b) 普通楼屋面板 板在端部支座的锚固构造(一) 锚固长度 = max{5d,梁宽 /2} (构造图见 22G101—1 P2—50)
单边标注板负筋	计算公式	长度 = 锚固长度(如果 HPB300 钢筋加弯钩) + 净长 + 弯折 − 量度差值 锚固长度取值同上部钢筋 根数 = (净长 − 起步距离 × 2)/ 间距(向上取整) + 1
双边标注板负筋	计算公式	长度 = 弯折 + 净长 + 支座宽 + 净长 + 弯折 − 量度差值 根数 = (净长 − 起步距离 × 2)/ 间距(向上取整) + 1

续表

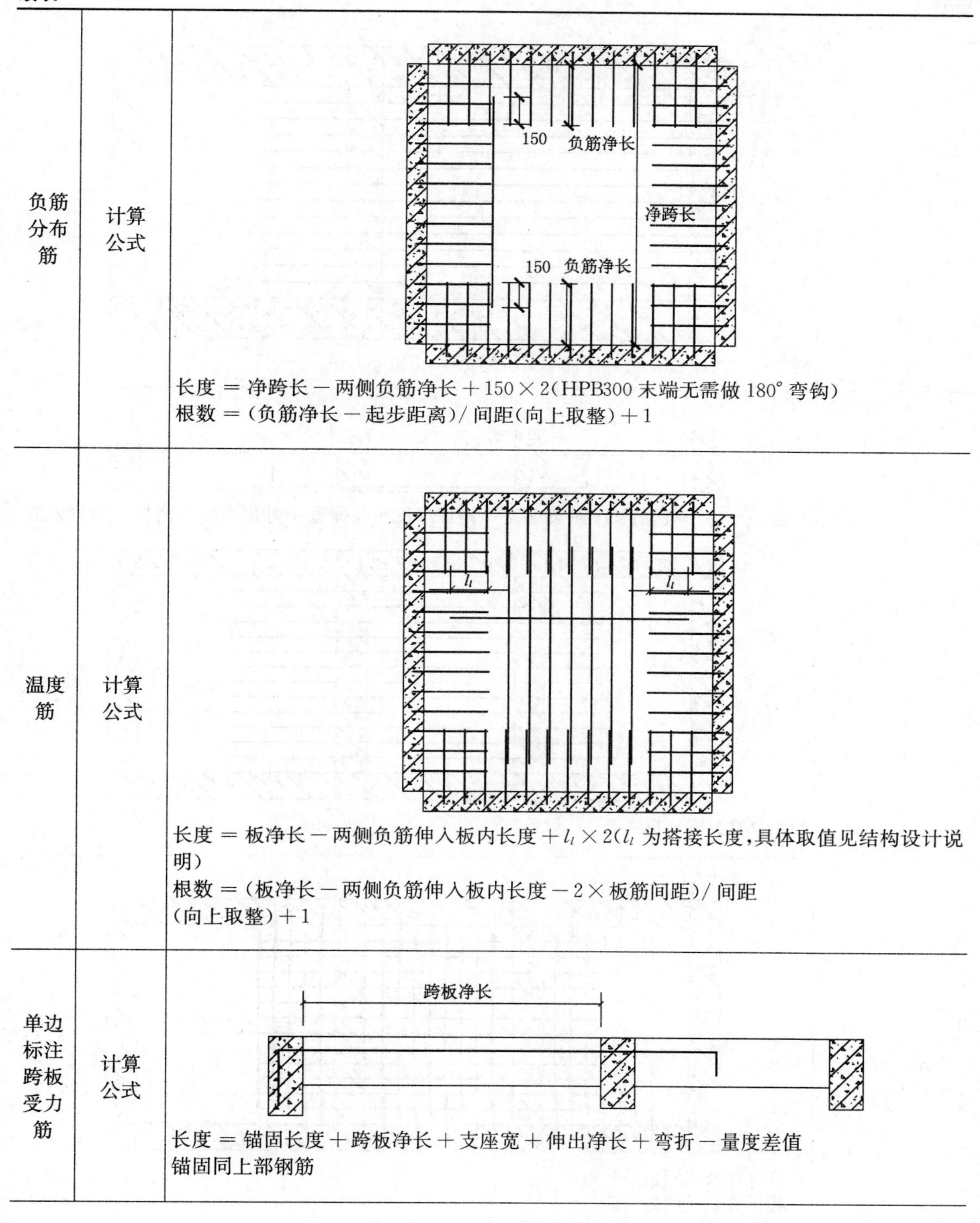

负筋分布筋	计算公式	长度 = 净跨长 − 两侧负筋净长 + 150 × 2(HPB300 末端无需做 180° 弯钩) 根数 = (负筋净长 − 起步距离)/ 间距(向上取整) + 1
温度筋	计算公式	长度 = 板净长 − 两侧负筋伸入板内长度 + l_l × 2(l_l 为搭接长度,具体取值见结构设计说明) 根数 = (板净长 − 两侧负筋伸入板内长度 − 2 × 板筋间距)/ 间距(向上取整) + 1
单边标注跨板受力筋	计算公式	长度 = 锚固长度 + 跨板净长 + 支座宽 + 伸出净长 + 弯折 − 量度差值 锚固同上部钢筋

续表

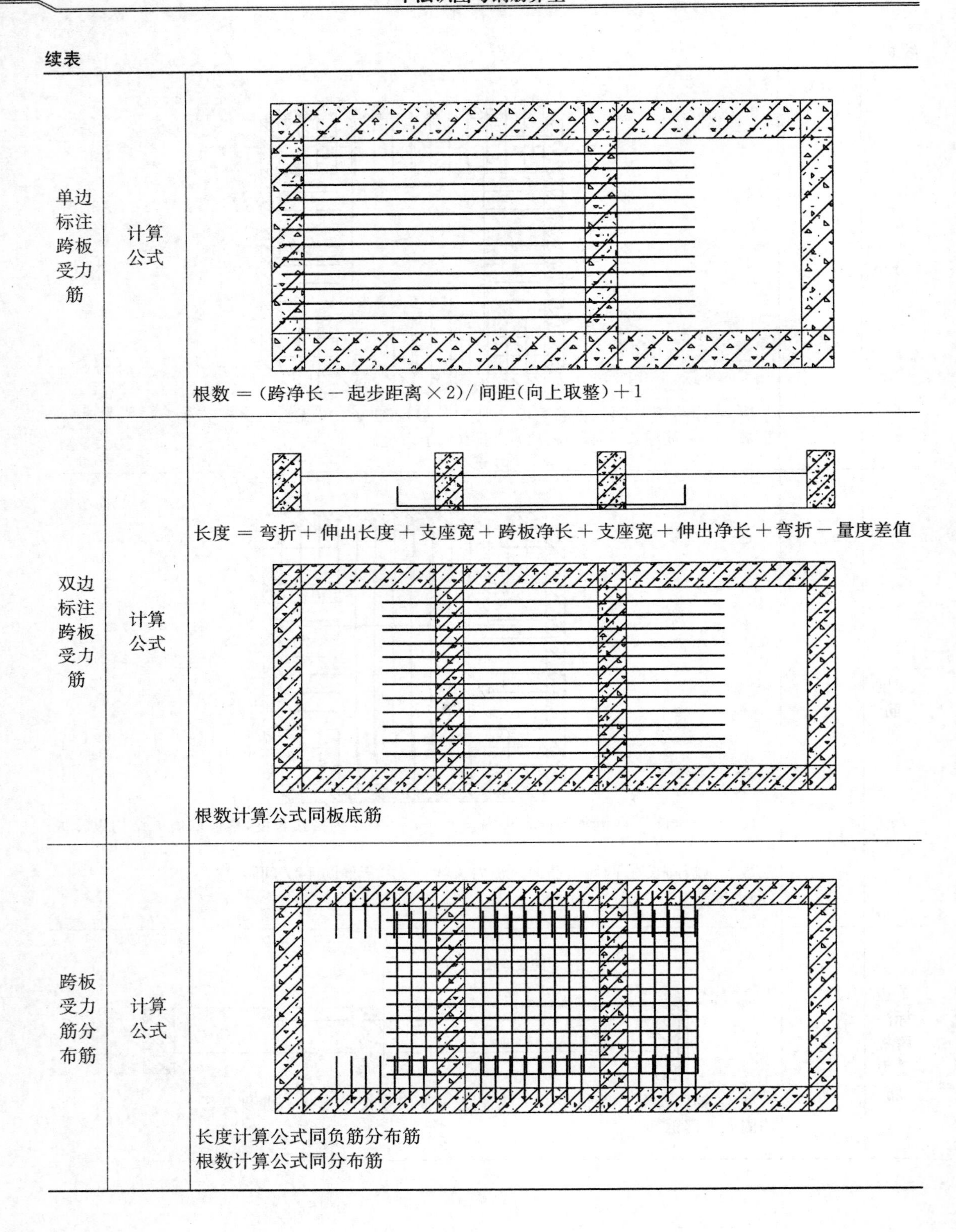

单边标注跨板受力筋	计算公式	根数 =（跨净长 − 起步距离 × 2）/ 间距（向上取整）+ 1
双边标注跨板受力筋	计算公式	长度 = 弯折 + 伸出长度 + 支座宽 + 跨板净长 + 支座宽 + 伸出净长 + 弯折 − 量度差值 根数计算公式同板底筋
跨板受力筋分布筋	计算公式	长度计算公式同负筋分布筋 根数计算公式同分布筋

4.2.2 悬挑板钢筋构造

悬挑板的钢筋构造见 22G101—1,P2—54,如表 4-2 所示。

表 4-2 悬挑板的钢筋构造

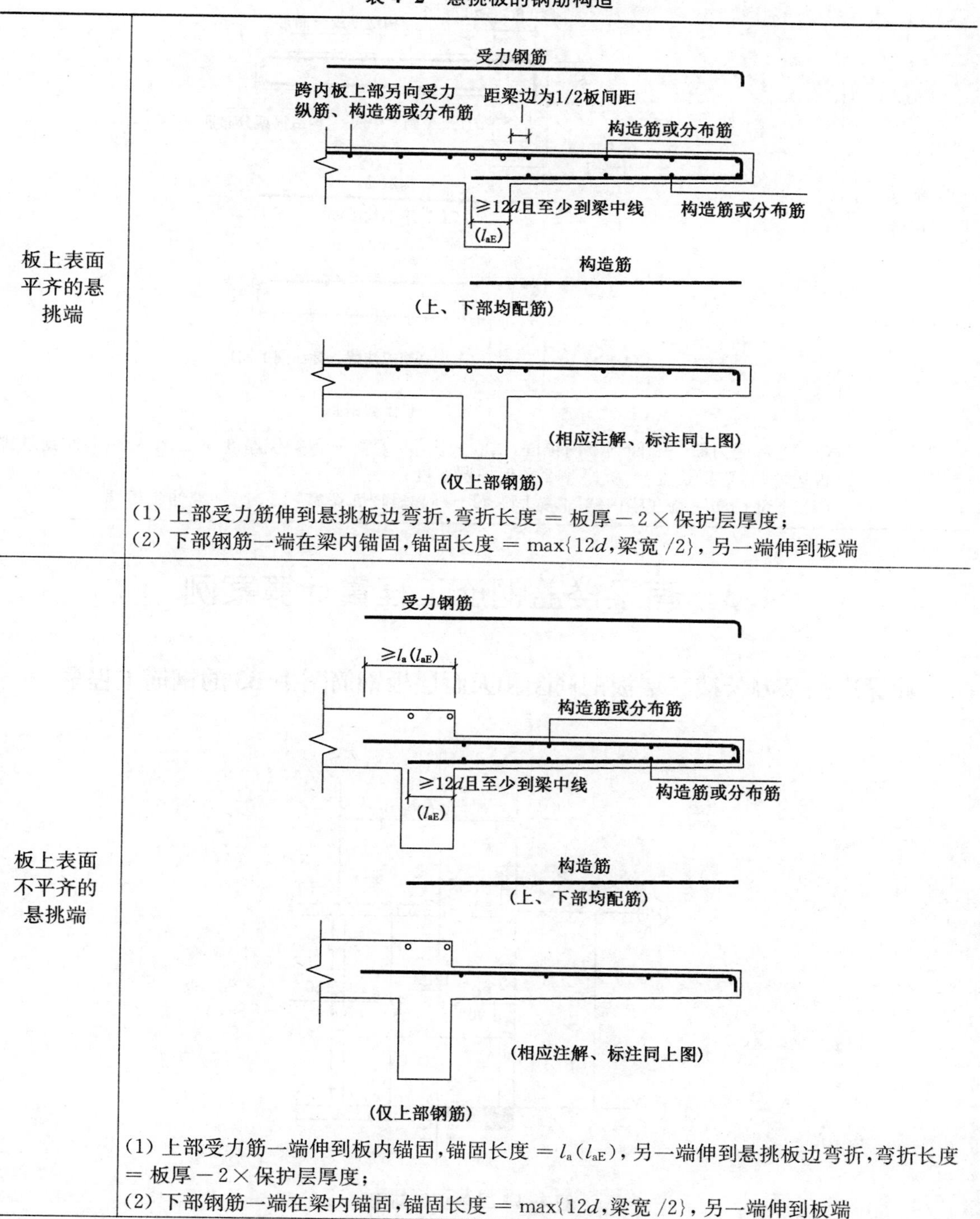

板上表面平齐的悬挑端	(1) 上部受力筋伸到悬挑板边弯折,弯折长度 = 板厚 − 2× 保护层厚度; (2) 下部钢筋一端在梁内锚固,锚固长度 = max{12d,梁宽 /2},另一端伸到板端
板上表面不平齐的悬挑端	(1) 上部受力筋一端伸到板内锚固,锚固长度 = l_a(l_{aE}),另一端伸到悬挑板边弯折,弯折长度 = 板厚 − 2× 保护层厚度; (2) 下部钢筋一端在梁内锚固,锚固长度 = max{12d,梁宽 /2},另一端伸到板端

续表

纯悬挑板	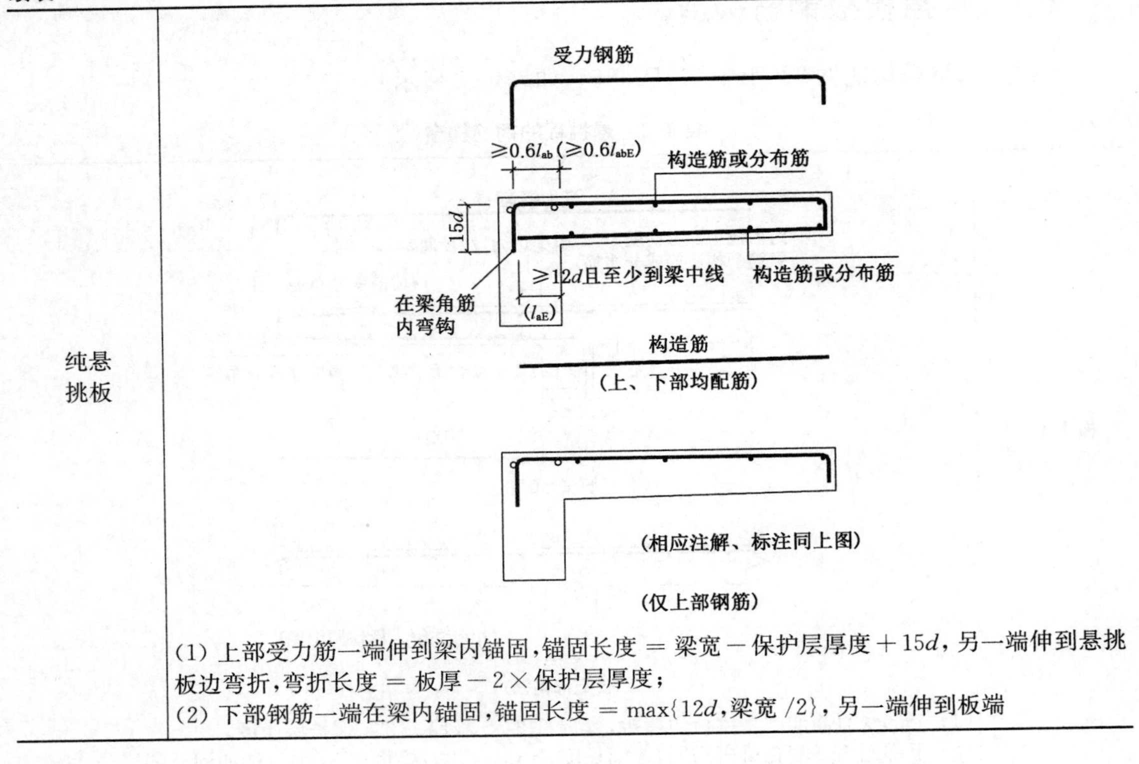 (1) 上部受力筋一端伸到梁内锚固,锚固长度 = 梁宽 − 保护层厚度 + 15d,另一端伸到悬挑板边弯折,弯折长度 = 板厚 − 2 × 保护层厚度; (2) 下部钢筋一端在梁内锚固,锚固长度 = max{12d,梁宽 /2},另一端伸到板端

4.3 有梁楼盖钢筋工程量计算案例

计算广州某办公楼二层板钢筋图和天面层板钢筋图中 B3 的钢筋工程量

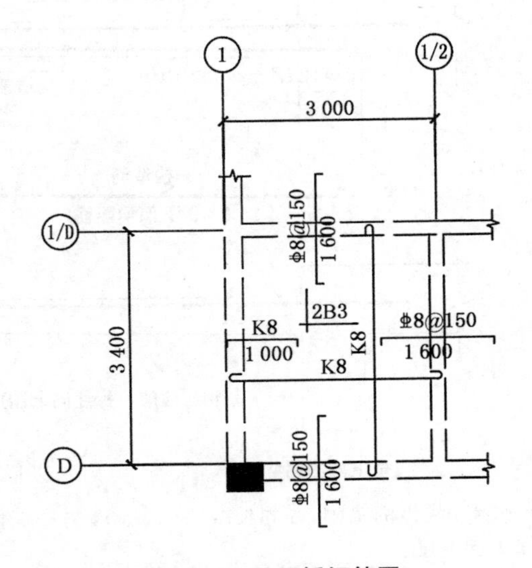

图 4-4 二层板钢筋图

解:(1) 读图、查找钢筋计算公式和计算数据。

1 轴线、D 轴线梁宽 250 mm,另外两根梁宽 200 mm;板筋保护层厚度为 20 mm。$l_{aE}=42d$,二层板 B3 钢筋工程量计算如表 4-3 所示。

表 4-3 B3 钢筋抽料表

筋号	级别	直径/mm	钢筋图形	计算公式	根数	总根数	单长/m	总长/m	总重/kg
X 向下部受力筋 c8@180	⌀	8	2 875	2 650＋max{250/2,5×d}＋max{200/2,5×d}	19	19	2.875	54.625	21.584
Y 向下部受力筋 c8@180	⌀	8	3 525	3 300＋max{250/2,5×d}＋max{200/2,5×d}	15	15	3.525	52.875	20.88
左支座负筋 c8@180	⌀	8	60 ⌊1 100⌋ 120	875＋60＋250－25＋15×d－(2×2.29)×d	19	19	1.243	0.491	9.329
左支座负筋分布筋 c6@250	φ	6	2 300	1 800＋250＋250	3	3	2.3	6.9	1.533
上支座负筋 c8@150	⌀	8	60 ⌊1 600⌋ 60	800＋800＋60＋60－(2×2.29)×d	18	18	1.683	0.665	11.97
上支座负筋分布筋 c6@250	φ	6	1 575	1 075＋250＋250	6	6	1.575	0.35	2.1
右支座负筋 c8@150	⌀	8	60 ⌊1 600⌋ 60	800＋800＋60＋60－(2×2.29)×d	22	22	1.683	0.665	14.63
右支座负筋分布筋 c6@250	φ	6	2 325	1 825＋250＋250	3	3	2.325	0.516	1.548
下支座负筋 c8@150	⌀	8	60 ⌊1 600⌋ 60	800＋800＋60＋60－(2×2.29)×d	18	18	1.683	0.665	11.97
下支座负筋分布筋 c6@250	φ	6	1 575	1 075＋250＋250	3	3	1.575	0.35	1.05

X 向下部受力筋根数 ＝ (3 400 － 100 － 2 × 50)/180 ＋ 1 ＝ 19

Y 向下部受力筋根数 ＝ (3 000 － 250 － 100 － 2 × 50)/180 ＋ 1 ＝ 15

其他钢筋的根数可由读者自行查找公式计算。

(2) 通过读图、查找钢筋计算公式和计算数据,天面层板 B3 钢筋工程量计算如表 4-4 所示。

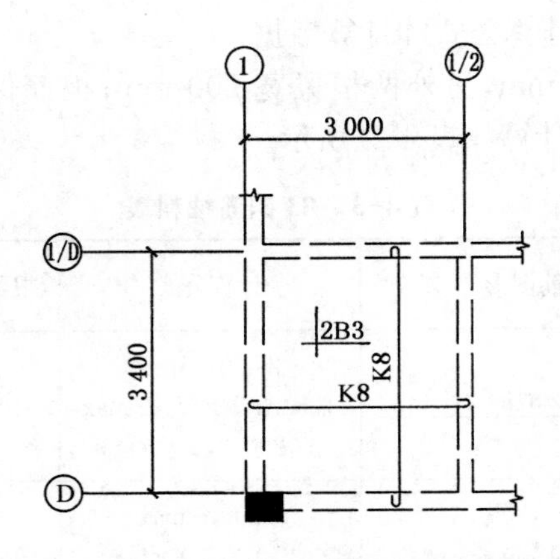

图 4-5　天面层板钢筋图

表 4-4　天面层板钢筋抽料表

筋号	级别	直径/mm	钢筋图形	计算公式	根数	总根数	单长/m	总长/m	总重/kg
X 向下部受力筋 c8@180	⌽	8	2 875	2 650＋max{250/2,5×d}＋max{200/2,5×d}	19	19	2.875	54.625	21.584
Y 向下部受力筋 c8@180	⌽	8	3 525	3 300＋max{250/2,5×d}＋max{200/2,5×d}	15	15	3.525	52.875	20.88
Y 向面筋 c8@150	⌽	8	120 3 700 120	3 300＋250－25＋15×d＋200－25＋15×d－(2×2.29)×d	18	18	3.903	70.254	27.756
X 向面筋 c8@150	⌽	8	120 3 050 120	2 650＋250－25＋15×d＋200－25＋15×d－(2×2.29)×d	22	22	3.253	71.566	28.27

工作页 4

学习任务	板钢筋工程量计算	建议学时	4
学习目标	1. 能识读板钢筋施工图； 2. 能正确计算板钢筋工程量		
任务描述	本任务需要先识读图纸，正确说出板里有哪些钢筋；通过计算公式和基础数据，在钢筋抽料表中完成板钢筋工程量计算		
学习过程	查阅广州市某办公楼图纸，仔细阅读二层板结构图、结构设计说明，并完成以下学习内容： 引导性问题 1：B4 里有哪些钢筋？ 引导性问题 2：B7 里有哪些钢筋？		

续表

学习任务	板钢筋工程量计算	建议学时	4
学习过程	引导性问题 3：通过板计算公式，在钢筋抽料表中完成 B4、B7 钢筋工程量计算。		
• 课后要求	完成图纸中其他板的钢筋工程量计算		

5 剪力墙钢筋工程量计算

5.1 剪力墙平法识图基础知识

5.1.1 剪力墙的组成

剪力墙结构由墙身、墙柱和墙梁构成，具体如图 5-1 所示。

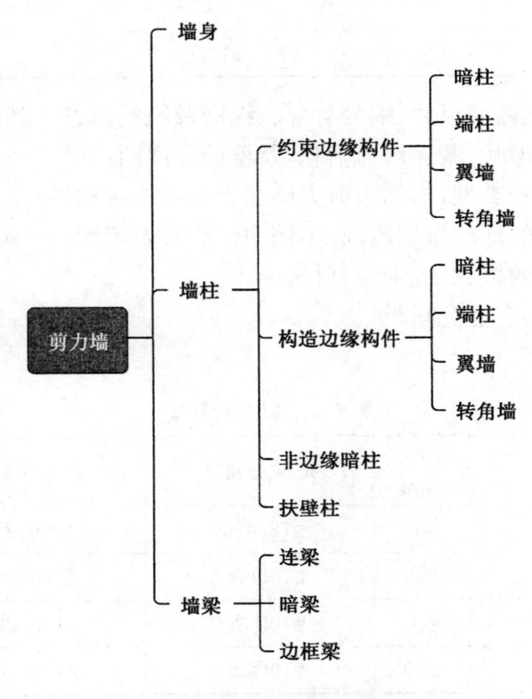

图 5-1 剪力墙组成

5.1.2 剪力墙平法表示方法

在 22G101—1 图集中，剪力墙的平面整体表示法主要包括列表注写、截面注写和剪力墙洞口标注、地下室剪力墙表示等内容。本书重点介绍列表注写及剪力墙洞口标注方式。

1）列表注写

（1）剪力墙柱表

表 5-1　剪力墙柱表　　单位：mm

截面	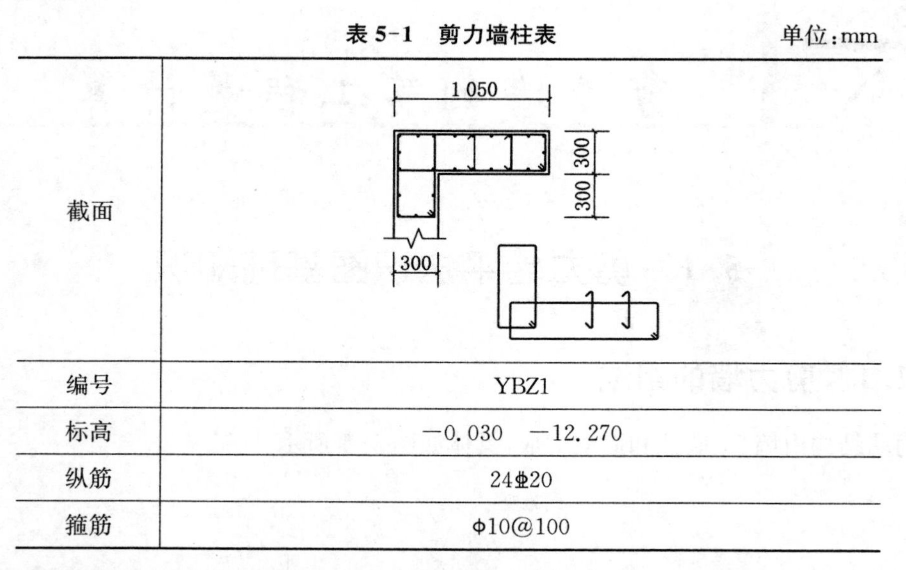
编号	YBZ1
标高	−0.030　−12.270
纵筋	24Φ20
箍筋	Φ10@100

剪力墙柱表需要表达截面尺寸、编号、标高、纵筋及箍筋信息。其中：

截面：表达剪力墙柱形状、截面尺寸信息，及箍筋分离图；

编号：表达剪力墙柱的类型，本例中剪力墙柱为约束边缘构件；

标高：表达剪力墙柱的标高布置范围，本例中标高布置范围为−0.030～−12.270；

纵筋：表达所有纵筋的根数、级别及直径；

箍筋：表达箍筋级别、直径及间距。

（2）剪力墙身表

表 5-2　剪力墙身表

编号	标高	墙厚/mm	水平分布筋	垂直分布筋	拉筋（矩形）
Q1	−0.030～30.270	300	Φ12@200	Φ12@200	Φ6@600@600
	30.270～59.070	250	Φ10@200	Φ10@200	Φ6@600@600
Q2	0.030～30.270	250	Φ10@200	Φ10@200	Φ6@600@600
	30.270～59.070	200	Φ10@200	Φ10@200	Φ6@600@600

剪力墙表需要表达编号、标高、墙厚、水平分布筋、垂直分布筋的相关信息。其中：

标号：一般表示为 QXX（X 排），如果没有括号，表示水平分布筋和垂直分布筋均默认为 2 排。本例中的 Q1 和 Q2 均为 2 排分布筋。22G101—1 平法中对于分布筋排数做出如下规定：①墙厚不大于 400 mm，至少 2 排；②厚度在 400～700 mm 之间应配置 3 排；③大于 700 mm 厚时，应配置 4 排。

拉筋：22G101—1 图集中，剪力墙身拉筋的布置方式分为矩形布置和梅花形布置 2 种。

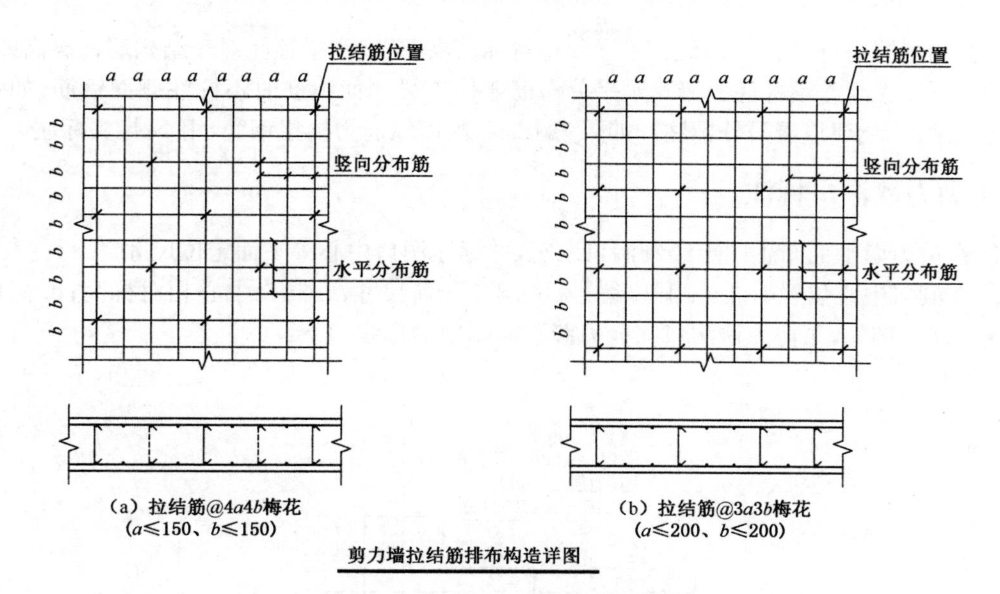

图 5-2 剪力墙拉结筋排布构造详图

（3）剪力墙梁表

表 5-3 剪力墙梁表

编号	所在楼层号	梁顶相对标高高差/mm	梁截面（$b\times h$）/mm	上部纵筋	下部纵筋	箍筋
LL1	2～9	0.800	300×2 000	4⌀25	4⌀25	ϕ10@100(2)
	10～16	0.800	250×2 000	4⌀22	4⌀22	ϕ10@100(2)
	屋面 1		250×1 200	4⌀20	4⌀20	ϕ10@100(2)
LL2	3	−1.200	300×2 520	4⌀25	4⌀25	ϕ10@150(2)
	4	−0.900	300×2 070	4⌀25	4⌀25	ϕ10@150(2)
	5～9	−0.900	300×1 770	4⌀25	4⌀25	ϕ10@150(2)
	10～屋面 1	−0.900	250×1 770	4⌀22	4⌀22	ϕ10@150(2)
LL3	2		300×2 070	4⌀25	4⌀25	ϕ10@100(2)
	3		300×1 770	4⌀25	4⌀25	ϕ10@100(2)
	4～9		300×1 170	4⌀25	4⌀25	ϕ10@100(2)
	10～屋面 1		250×1 170	4⌀22	4⌀22	ϕ10@100(2)
LL4	2		250×2 070	4⌀20	4⌀20	ϕ10@120(2)
	3		250×1 770	4⌀20	4⌀20	ϕ10@120(2)
	4～屋面 1		250×1 170	4⌀20	4⌀20	ϕ10@120(2)
AL1	2～9		300×600	3⌀20	3⌀20	ϕ8@150(2)
	10～16		250×500	3⌀18	3⌀18	ϕ8@150(2)
BKL1	屋面 1		500×750	4⌀22	4⌀22	ϕ10@150(2)

注：当剪力墙厚度发生变化时，连梁 LL 宽度随墙厚变化。

剪力墙梁表中需要表达梁类型、编号、所在楼层号、梁顶相对标高高差、截面尺寸、上部及下部纵筋和箍筋信息。其中，第三列“梁顶相对标高高差”表示梁顶相对于结构层标高高差，高为正，低为负，无高差不标注。墙身水平分布筋兼作连梁侧面纵筋时不标注侧面钢筋，如水平分布筋不满足要求时，需另外标注。如果为 LLK，侧面纵筋为抗扭钢筋，用 N 打头标注。

2）剪力墙洞口标注

① 在剪力墙平面布置图上绘制洞口示意，并标注洞口中心等平面定位尺寸。

② 在洞口中心位置引注：a. 洞口编号；b. 洞口几何尺寸；c. 洞口中心相对标高；d. 洞口每边补强钢筋。例如，某剪力墙洞口在剪力墙平面图中的标注如下：

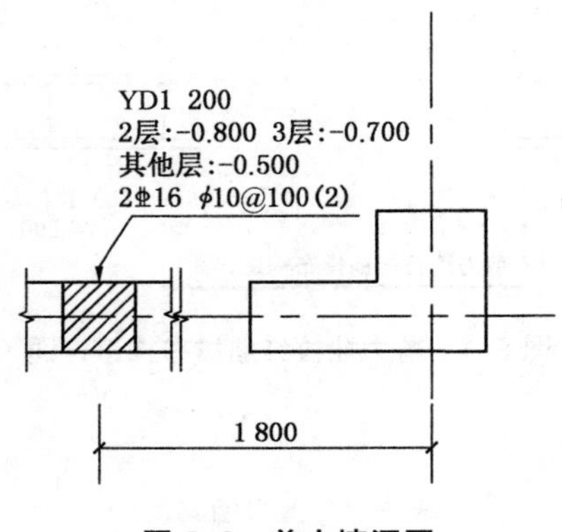

图 5-3 剪力墙洞图

上图表示剪力墙洞口为 1 号圆形洞口，直径 200；洞口中心在 2 层比结构层低 0.8 m，在三层比结构层低 0.7 m，2、3 层以外的楼层，洞口中心比结构楼层低 0.5 m；洞口上下两侧各布置 2 根三级直径为 16 mm 的加强纵筋，洞口上下的补强箍筋为一级直径 10 mm 间距 100 mm 的两肢箍筋。

5.2 剪力墙梁钢筋计算

5.2.1 剪力墙梁分类

按 22G101—1 平法图集构造，剪力墙梁类型见表 5-4 所示。

表 5-4 剪力墙梁类型

墙梁类型	代 号	说 明
连梁	LL	一般位于剪力墙洞口上方和下方
连梁（对角暗撑配筋）	LL(JC)	
连梁（交叉斜筋配筋）	LL(JX)	
连梁（集中对角斜筋配筋）	LL(DX)	
框连梁（跨高比不小于 5）	LLK	
暗梁	AL	一般不突出墙身
边框梁	BKL	一般突出墙身

5.2.2 剪力墙梁钢筋分类

1）连梁(LL)

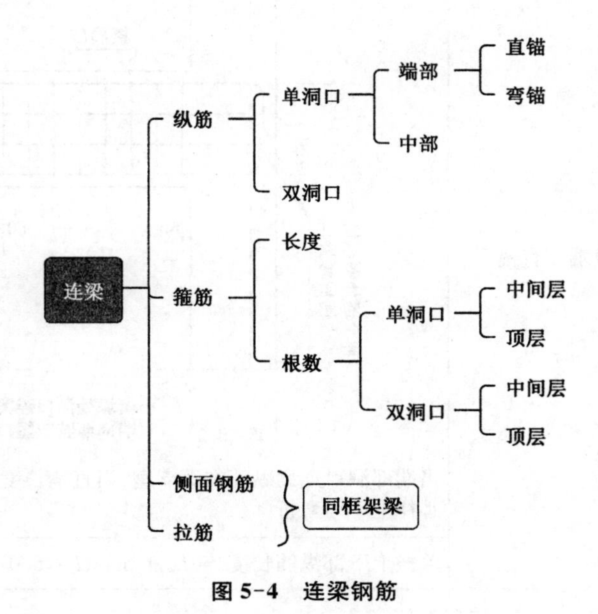

图 5-4 连梁钢筋

2）框连梁(LLK)

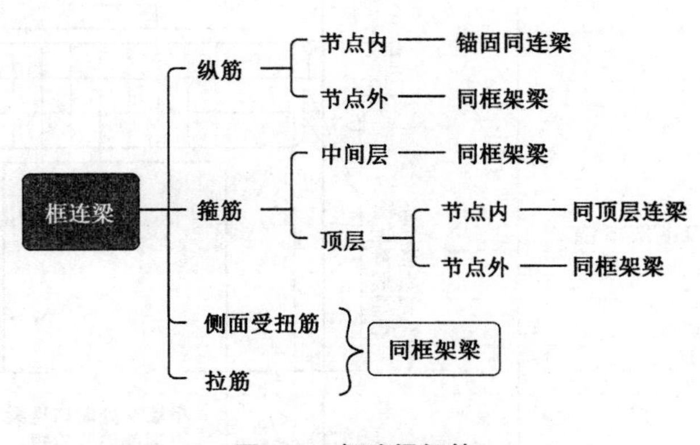

图 5-5 框连梁钢筋

3）剪力墙梁钢筋计算总结

由于暗梁、边框梁钢筋计算与框架梁相同，框连梁计算也是框架梁和连梁的结合，故本书只介绍连梁钢筋计算的方法。

表 5-5　连梁钢筋计算公式

<table>
<tr><th>钢筋种类</th><th>构造分类</th><th>构造详图及计算公式</th></tr>
<tr><td rowspan="4">纵筋</td><td rowspan="2">单洞口端部直锚</td><td>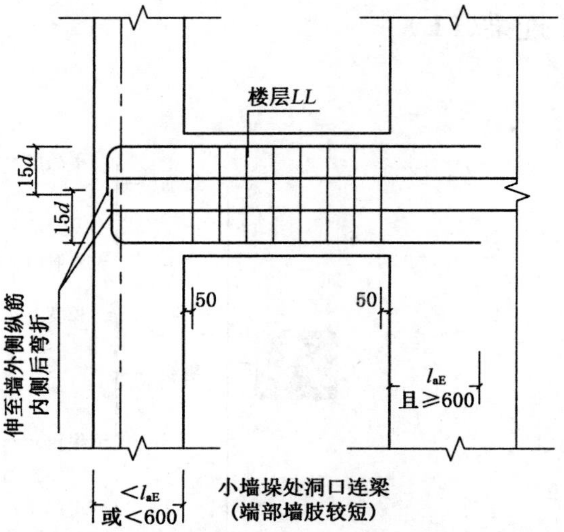

当端部洞口连梁纵筋在端支座，当直锚长度 $\geq l_{aE}$ 且 ≥ 600 时，可不必往上(下)弯折</td></tr>
<tr><td>单根上下部纵筋长度 $= L_n + \max\{l_{aE}, 600\} \times 2$</td></tr>
<tr><td rowspan="2">单洞口端部弯锚</td><td>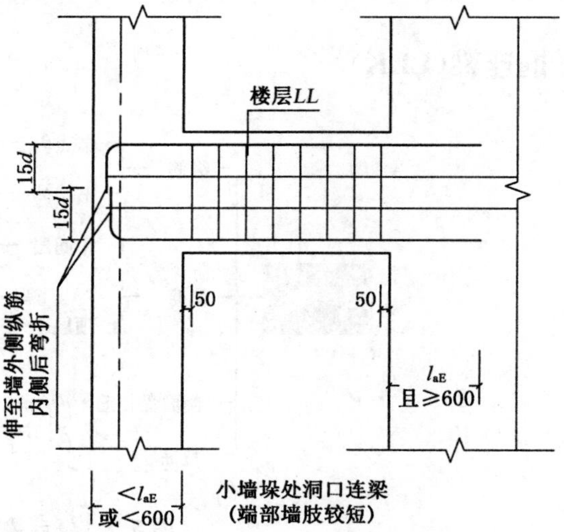
</td></tr>
<tr><td>单根上下部纵筋长度 $= (h_c - c + 15d) + L_n + \max\{l_{aE}, 600\}$ − 量度差值(c 为钢筋保护层厚度)</td></tr>
</table>

续表

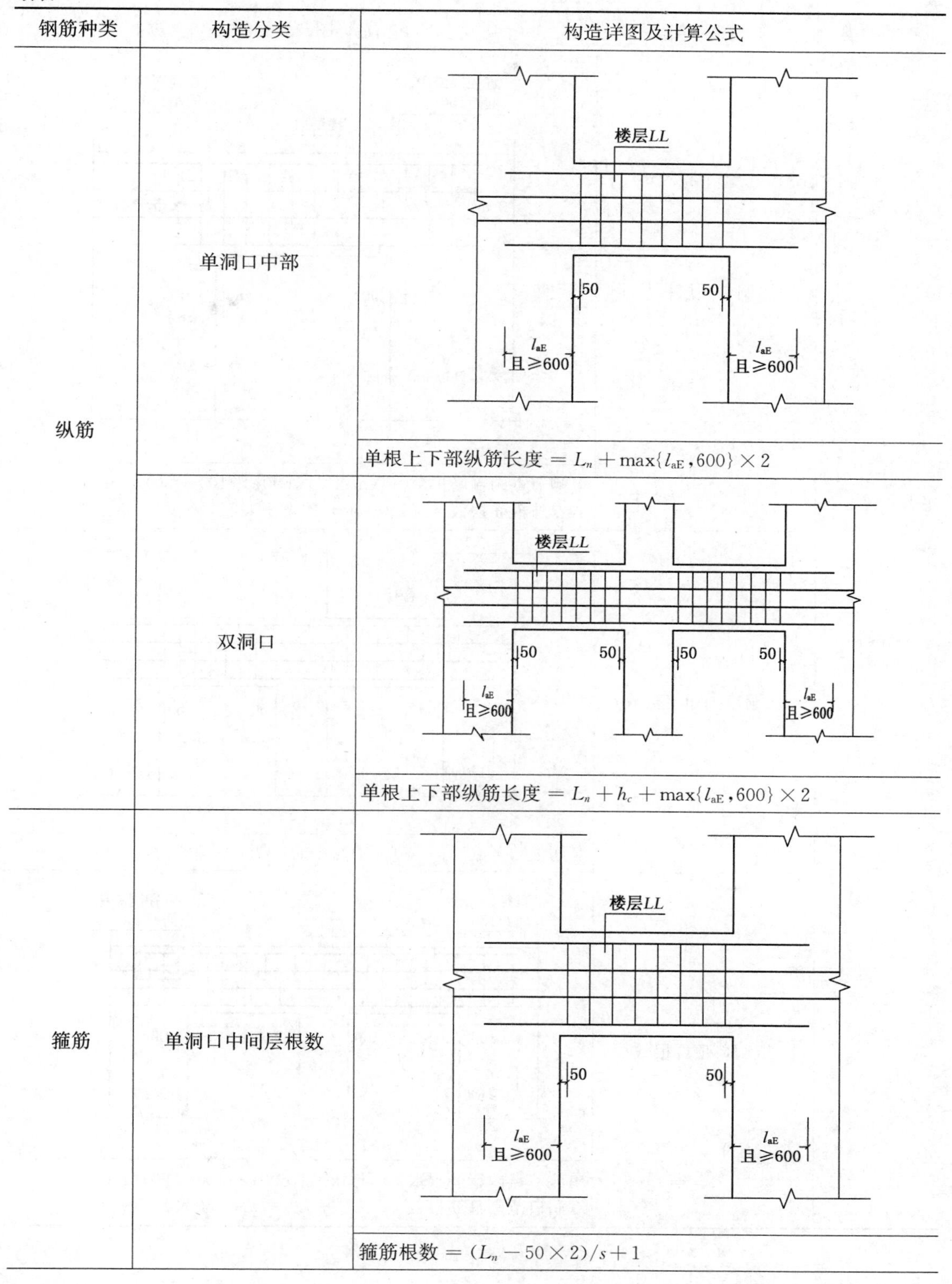

钢筋种类	构造分类	构造详图及计算公式
纵筋	单洞口中部	单根上下部纵筋长度 $=L_n+\max\{l_{aE},600\}\times 2$
	双洞口	单根上下部纵筋长度 $=L_n+h_c+\max\{l_{aE},600\}\times 2$
箍筋	单洞口中间层根数	箍筋根数 $=(L_n-50\times 2)/s+1$

续表

钢筋种类	构造分类	构造详图及计算公式
箍筋	单洞口顶层根数	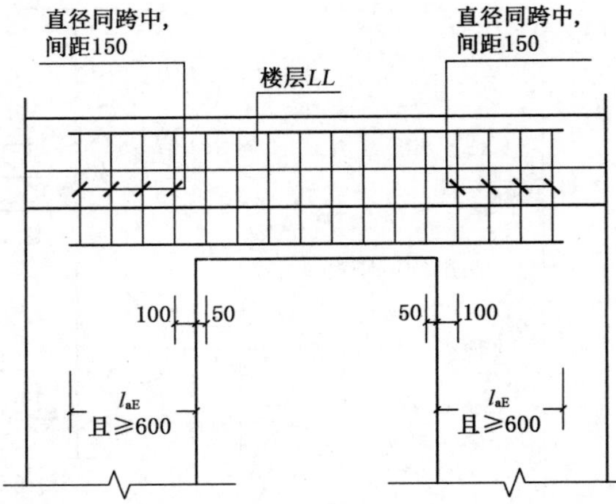 直径同跨中，间距150 楼层LL 100 50 50 100 l_{aE} 且≥600 单侧节点内箍筋根数 = $(\max\{l_{aE}, 600\} - 100 - 50)/150 + 1$ 节点外箍筋根数 = $(L_n - 50 \times 2)/s + 1$
	双洞口中间层根数	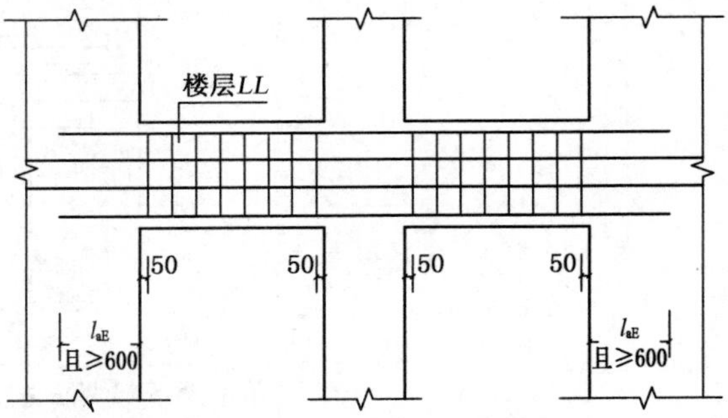 楼层LL 50 50 50 50 l_{aE} 且≥600 箍筋根数 = $(L_{n1} - 50 \times 2)/s + 1 + (L_{n2} - 50 \times 2)/s + 1$
	双洞口顶层根数	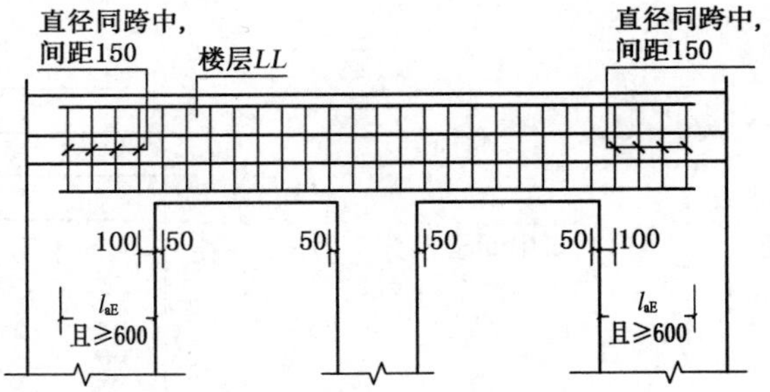 直径同跨中，间距150 楼层LL 100 50 50 50 50 100 l_{aE} 且≥600 单侧节点内箍筋根数 = $(\max\{l_{aE}, 600\} - 100 - 50)/150 + 1$ 双洞口范围箍筋根数 = $(L_{n1} + L_{n2} + h_c - 50 \times 2)/s + 1$

5.3 剪力墙柱钢筋计算

5.3.1 剪力墙柱分类

按 22G101—1 平法图集构造，剪力墙柱类型如表 5-6 所示。

表 5-6 剪力墙柱类型

剪力墙柱类型	代号	说明
约束边缘构件	YBZ	布置在底部加强部位
构造边缘构件	GBZ	布置在非底部加强部位
非边缘暗柱	AZ	不在墙端的暗柱
扶壁柱	FBZ	不在墙端的暗柱且突出墙面

其中：约束边缘构件包括约束边缘暗柱、约束边缘端柱、约束边缘翼墙、约束边缘转角墙 4 种。构造边缘构件包括构造边缘暗柱、构造边缘端柱、构造边缘翼墙、构造边缘转角墙 4 种。

5.3.2 剪力墙柱钢筋分类

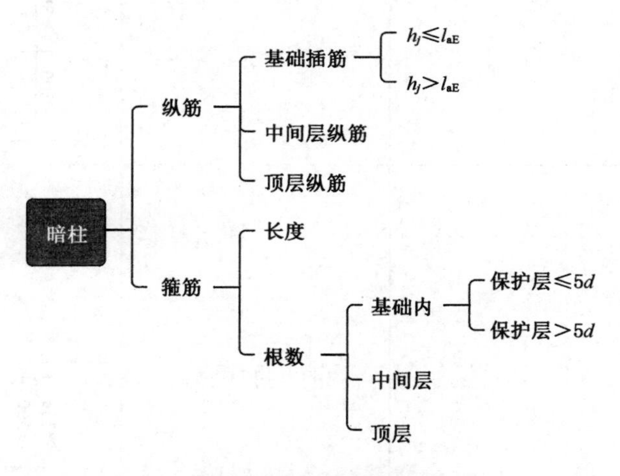

图 5-6 暗柱钢筋组成

5.3.3 剪力墙柱钢筋计算

剪力墙柱纵向钢筋连接方式包含绑扎搭接、机械连接、焊接 3 种，3 种连接方式在计算非连接区高度和纵筋搭接错开高度有所不同，具体数据见表 5-7 所示。

表 5-7　剪力墙柱纵向钢筋错开高度

连接方式	非连接区高度/mm	搭接错开高度/mm	构造详图
绑扎搭接	≥0	$0.3l_{lE}$	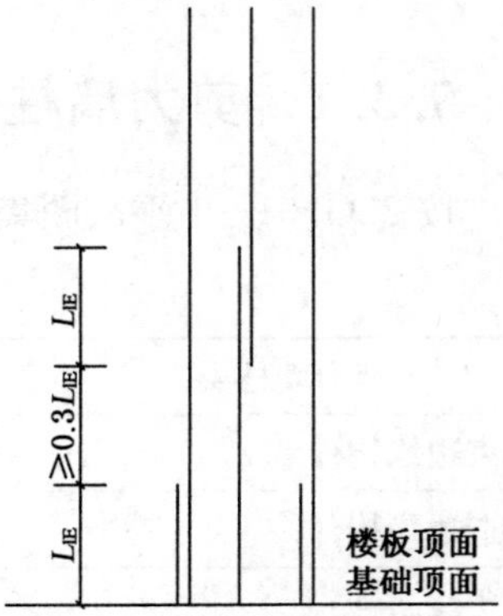 L_{lE}；≥$0.3L_{lE}$；L_{lE}；楼板顶面 基础顶面
机械连接	500	$35d$	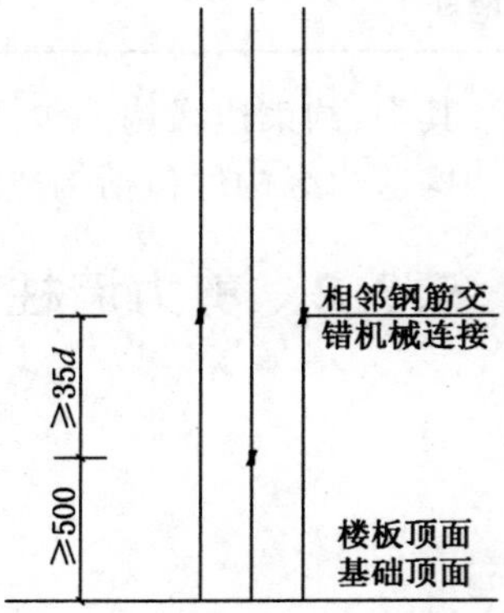 ≥$35d$；≥500；相邻钢筋交错机械连接；楼板顶面 基础顶面
焊接	500	max{$35d$,500}	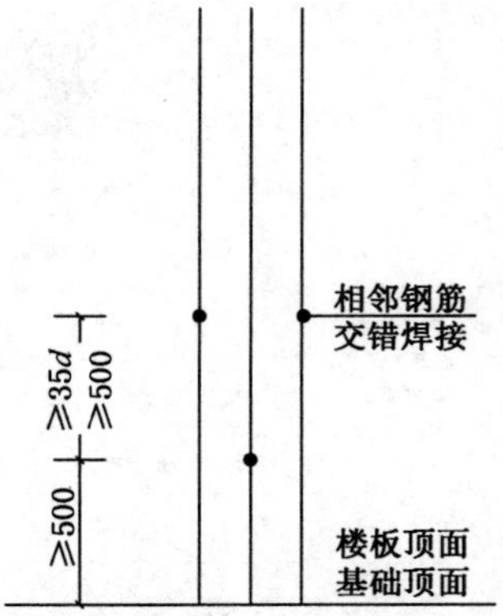 ≥$35d$ ≥500；≥500；相邻钢筋交错焊接；楼板顶面 基础顶面

本书重点介绍剪力墙柱纵筋及箍筋根数的计算方法，具体构造及计算方法如表 5-8 所示。

表 5-8　剪力墙柱纵筋计算公式

钢筋种类	构造分类	构造详图及计算公式
纵筋	基础插筋 $h_j \leqslant L_{aE}$	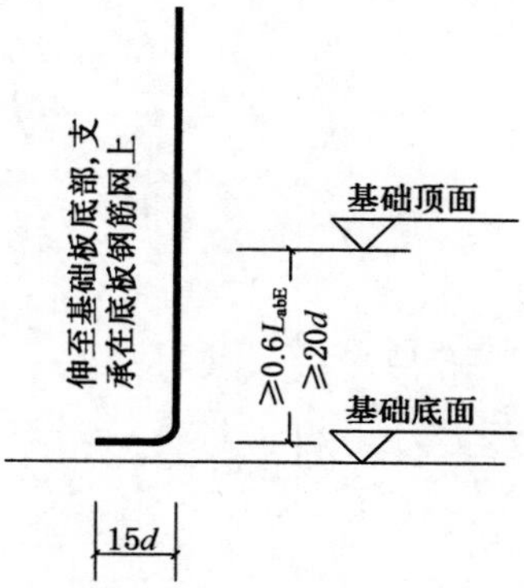 伸至基础板底部，支承在底板钢筋网上；基础顶面；基础底面；$\geqslant 0.6L_{abE}$，$\geqslant 20d$；$15d$ 低位纵筋长度 $= h_j - c + 15d +$ 基础顶非连接区高度 $-$ 量度差值 高位纵筋长度 $= h_j - c + 15d +$ 基础顶非连接区高度 $-$ 量度差值 $+$ 搭接错开高度
	基础插筋 $h_j > L_{aE}$	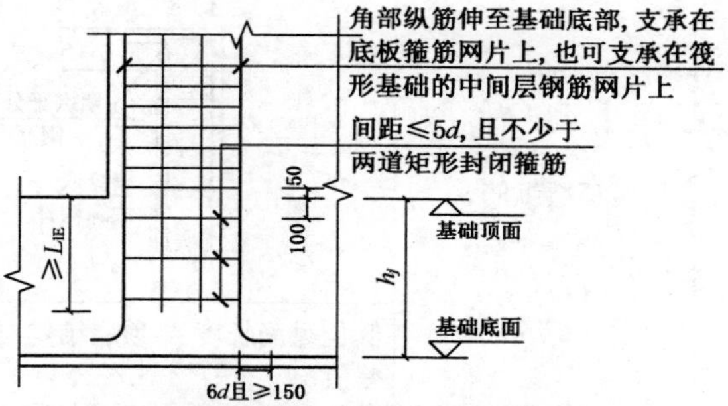 角部纵筋伸至基础底部，支承在底板箍筋网片上，也可支承在筏形基础的中间层钢筋网片上；间距$\leqslant 5d$，且不少于两道矩形封闭箍筋；基础顶面；基础底面；$\geqslant L_{lE}$；50；100；h_j；$6d$且$\geqslant 150$ （a）保护层厚度$>5d$；基础高度满足直锚 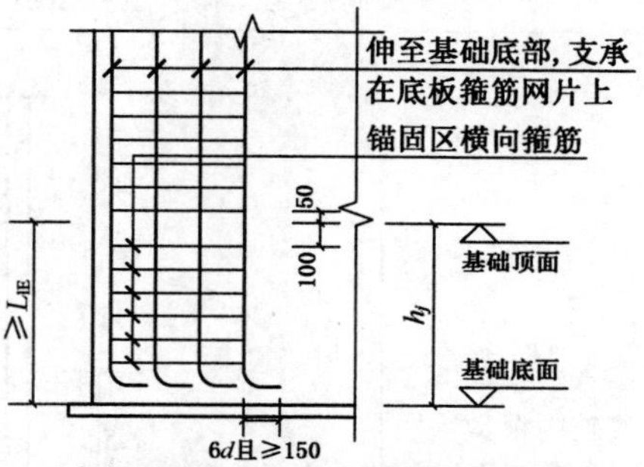 伸至基础底部，支承在底板箍筋网片上；锚固区横向箍筋；基础顶面；基础底面；$\geqslant L_{lE}$；50；100；h_j；$6d$且$\geqslant 150$ （b）保护层厚度$\leqslant 5d$；基础高度满足直锚 低位纵筋长度 $= h_j - c + \max\{6d, 150\} + 500 -$ 量度差值 高位纵筋长度 $= h_j - c + \max\{6d, 150\} + 500 + 35d -$ 量度差值

续表

钢筋种类	构造分类	构造详图及计算公式
纵筋	中间层纵筋	低位纵筋长度 = 结构层高 − 下层非连接区高度 + 上层非连接区高度 高位纵筋长度 = 结构层高 − 下层搭接错开高度 + 上层搭接错开高度
	顶层纵筋	低位纵筋长度 = 顶层结构层高 − 顶层非连接区高度保护层 + $12d$ − 量度差值 高位纵筋长度 = 顶层结构层高 − 顶层非连接区高度保护层 − 搭接错开高度 + $12d$ − 量度差值
箍筋	基础内根数 保护层 ≤ $5d$	(b) 保护层厚度≤$5d$；基础高度不满足直锚 注：锚固区横向钢筋应满足直径 ≥ $d_1/4$（d_1 为纵筋最大直径），间距 ≤ $10d_2$（d_2 为纵筋最小直径）且 ≤ 100 的要求。箍筋采用形式见 22G101—3 第 65 页第 7 点说明及边缘构件角部纵筋详图
		箍筋根数 = $\max\{2, (h_j - c - 100)/\min(10d, 100)$（向上取整）$+ 1\}$

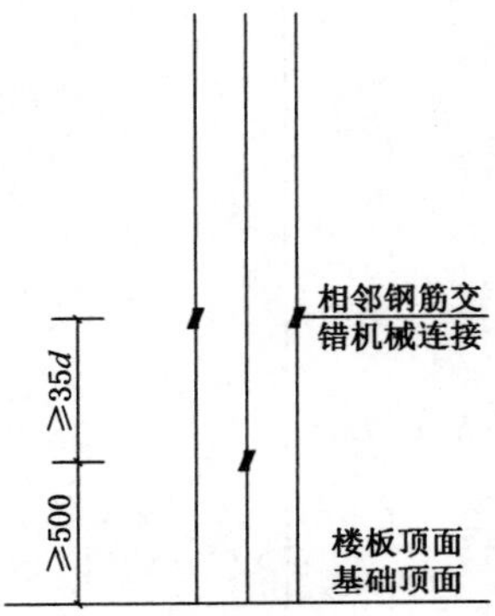

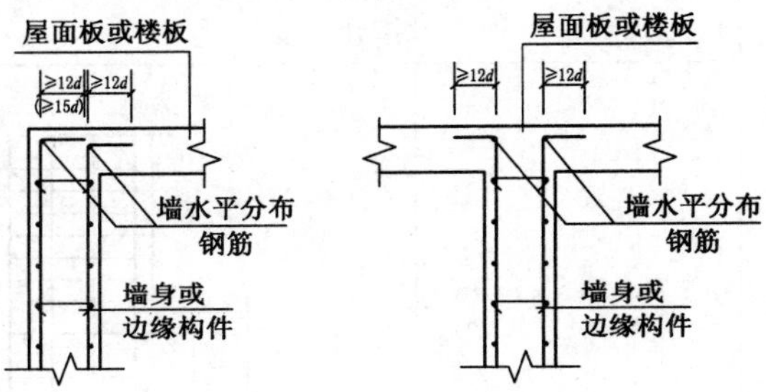

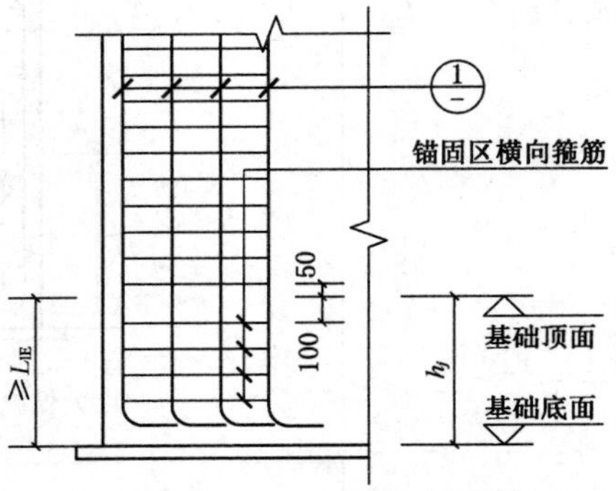

续表

钢筋种类	构造分类	构造详图及计算公式
箍筋	基础内根数 保护层 $>5d$	（a）保护层厚度>5d；基础高度不满足直锚
		箍筋根数 $=\max\{2,(h_j-c-100)/500$(向上取整)$+1\}$
	中间层根数	箍筋根数 $=$(结构层高$-50)/s+1$
	顶层根数	箍筋根数 $=$(结构层高$-50)/s+1$

5.4　剪力墙墙身钢筋计算

5.4.1　剪力墙墙身钢筋分类

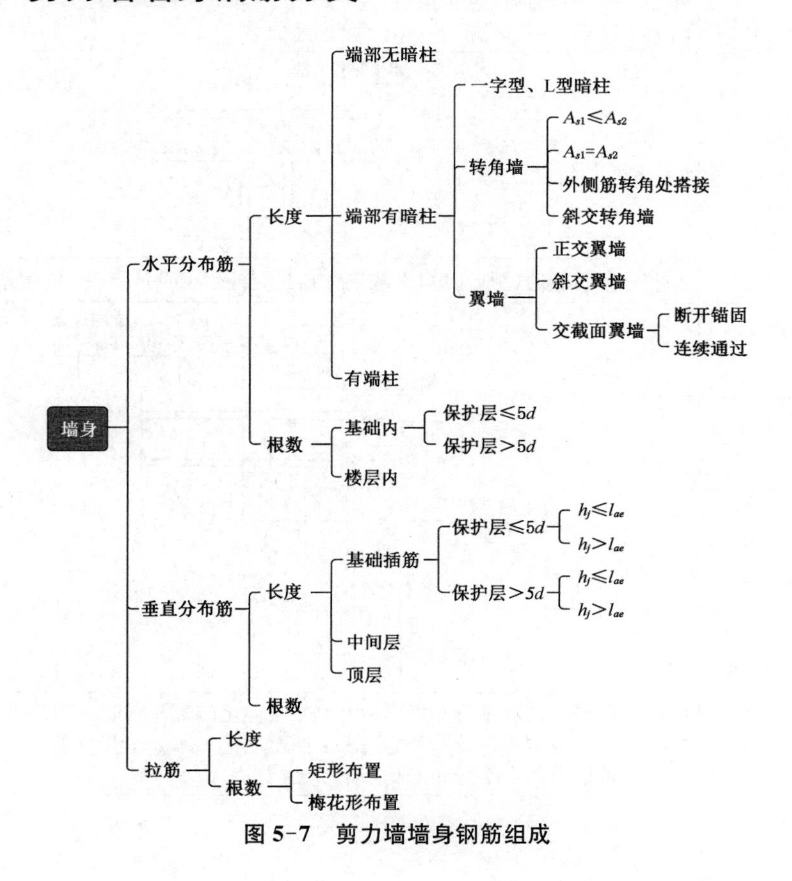

图 5-7　剪力墙墙身钢筋组成

5.4.2 剪力墙墙身钢筋计算

表 5-9 剪力墙墙身钢筋计算公式

钢筋种类	构造分类	构造详图及计算公式
水平分布筋	端部有一字形、L形暗柱	内外侧水平筋:伸至暗柱端 + 10d − 量度差值
	有转角墙	转角墙(一) (外侧水平分布钢筋连续通过,其中$A_{s1} \leqslant A_{s2}$) 外侧水平筋:连续通过转角墙 内侧水平筋:伸至端部 + 15d − 量度差值
	有翼墙	水平分布筋能通过则通过,无法连续通过,伸至端部 + 15d − 量度差值
	有端柱	在端柱角筋外侧水平分布筋(不可直锚):伸至端部 + 15d − 量度差值 在端柱角筋内侧水平分布筋(弯锚):伸至端部 + 15d − 量度差值 在端柱角筋内侧水平分布筋(直锚):l_{aE}

续表

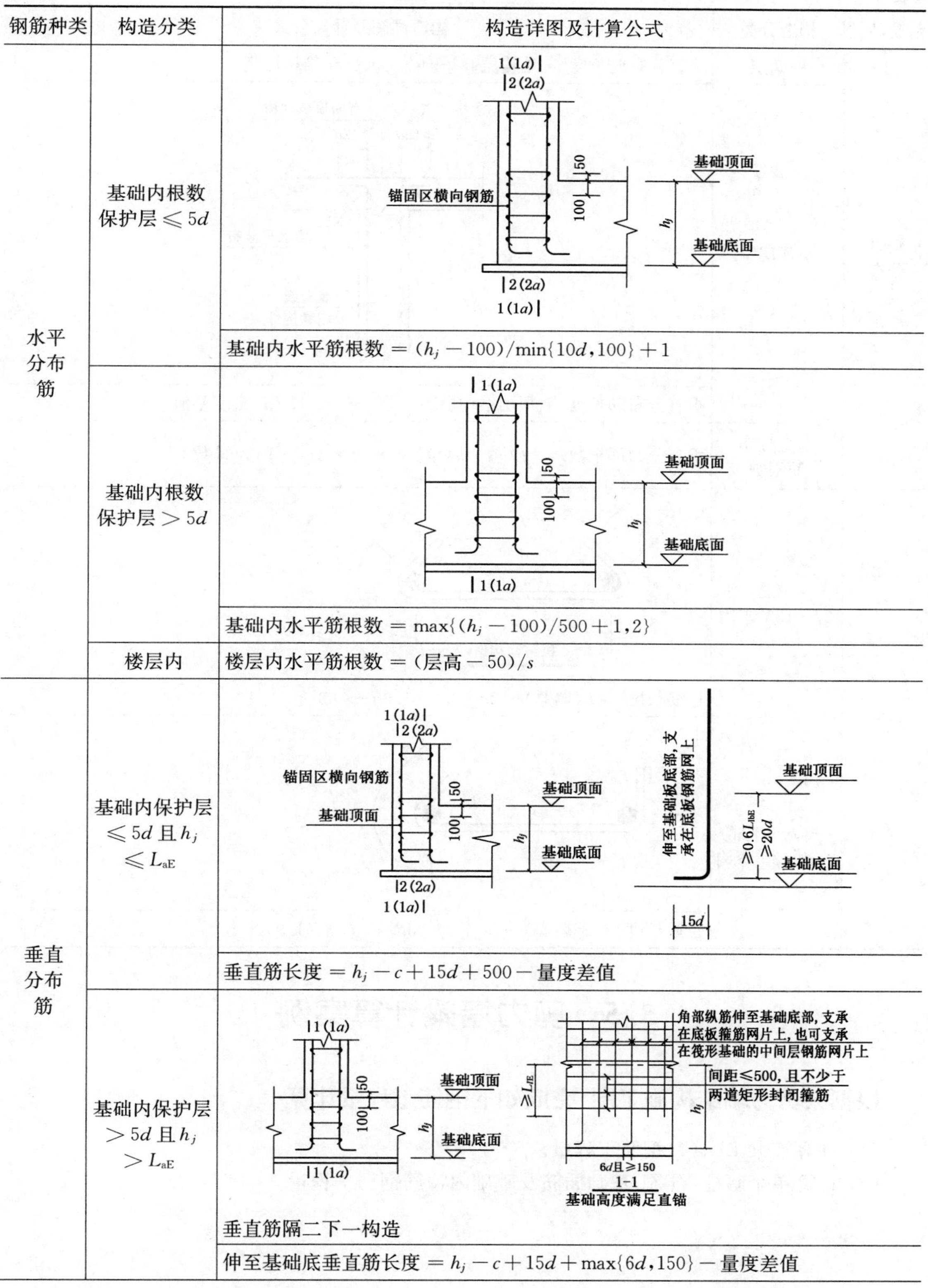

钢筋种类	构造分类	构造详图及计算公式
水平分布筋	基础内根数 保护层≤5d	基础内水平筋根数 $=(h_j-100)/\min\{10d,100\}+1$
	基础内根数 保护层>5d	基础内水平筋根数 $=\max\{(h_j-100)/500+1,2\}$
	楼层内	楼层内水平筋根数 =（层高 − 50）/s
垂直分布筋	基础内保护层≤5d且h_j≤L_{aE}	垂直筋长度 $=h_j-c+15d+500-$量度差值
	基础内保护层>5d且h_j>L_{aE}	垂直筋隔二下一构造 伸至基础底垂直筋长度 $=h_j-c+15d+\max\{6d,150\}-$量度差值

续表

<table>
<tr><th>钢筋种类</th><th>构造分类</th><th>构造详图及计算公式</th></tr>
<tr><td rowspan="4">垂直分布筋</td><td>中间层</td><td>垂直分布筋长度 = 结构层高 − 500 + 500 = 结构层高</td></tr>
<tr><td rowspan="2">顶层</td><td></td></tr>
<tr><td>垂直分布筋长度 = 顶层结构层高 − 500 − c + 12d − 量度差值</td></tr>
<tr><td>垂直分布筋根数</td><td>垂直分布筋根数 = [L(剪力墙净长) − 50 × 2/s + 1] × 排数</td></tr>
<tr><td rowspan="4">拉筋</td><td rowspan="2">拉筋
2 个 135°弯钩</td><td>(1) 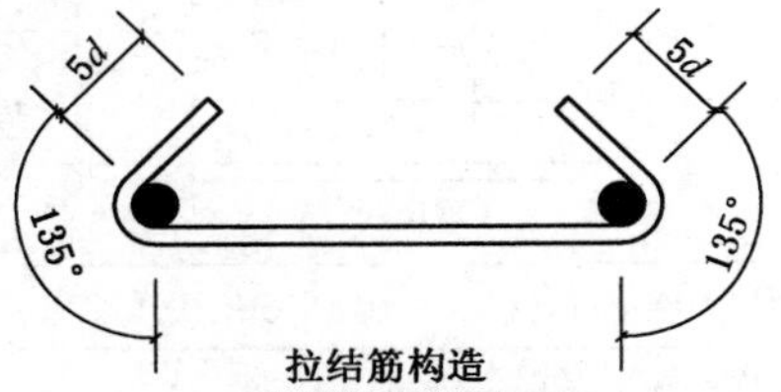
</td></tr>
<tr><td>拉筋长度 = B(墙厚) − 2c + 2 × (1.9d + 5d)</td></tr>
<tr><td rowspan="2">拉筋
一边 90°弯钩
一边 135°弯钩</td><td></td></tr>
<tr><td>拉筋长度 = B(墙厚) − 2c + (0.93d + 5d) + (1.9d + 5d)</td></tr>
</table>

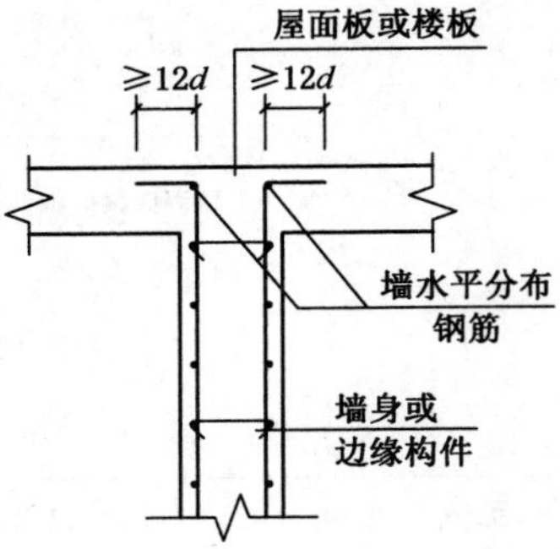

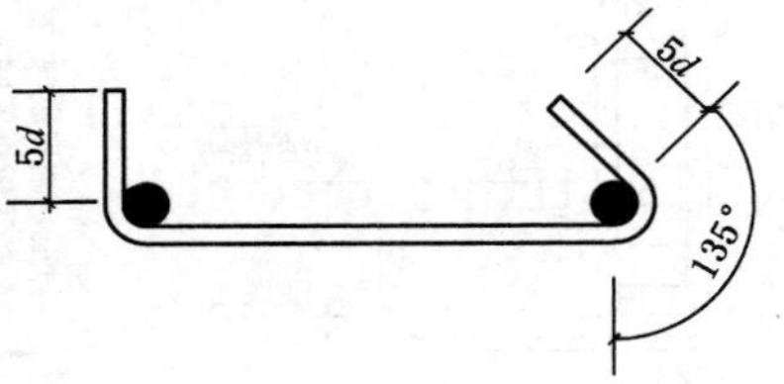

5.5 剪力墙梁计算案例

根据某剪力墙结构施工图，完成如下钢筋工程量计算

(1) 计算连梁 LL1(1)钢筋工程量。

(2) 计算单个暗柱 YBZ1 基础插筋及基础内箍筋钢筋工程量。

表 5-10 计算参数

抗震强度	混凝土强度等级	剪力墙保护层厚度/mm	基础保护层厚度/mm	基础厚度/mm	钢筋连接/mm
二级	C30	15	40	600	焊接

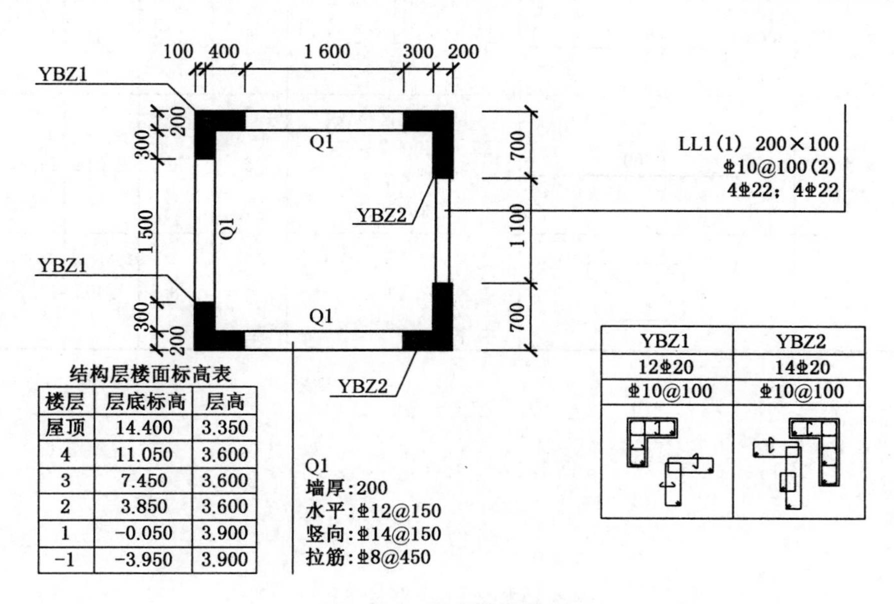

结构层楼面标高表

楼层	层底标高	层高
屋顶	14.400	3.350
4	11.050	3.600
3	7.450	3.600
2	3.850	3.600
1	-0.050	3.900
-1	-3.950	3.900

图 5-8 剪力墙结构图

解:通过读图,依据计算基础,该剪力墙构件钢筋工程量计算如表 5-11 所示。

(1) LL1 钢筋工程量

表 5-11 LL1 钢筋抽料表

筋号	级别	直径/mm	钢筋图形	计算公式	根数	总根数	单长/m	总长/m	总重/kg
连梁上部纵筋	Φ	22	330 2 460 330	$1\,100+700+20+15\times d+700-20+15\times d-(2\times 2.29)\times d$	4	4	3.019	12.076	35.988
连梁下部纵筋	Φ	22	330 2 460 330	$1\,100+700+20+15\times d+700-20+15\times d-(2\times 2.29)\times d$	4	4	3.019	12.076	35.988
连梁箍筋 1	Φ	10	960 160	$2\times[(200-2\times 20)+(1\,000-2\times 20)]+2\times(12.89\times d)-(3\times 2.29)\times d$	11	11	2.429	26.719	16.489

（2）YBZ1 基础插筋钢筋工程量

表 5-12　YBZ1 钢筋抽料表

筋号	级别	直径/mm	钢筋图形	计算公式	根数	总根数	单长/m	总长/m	总重/kg
低位纵筋插筋	Φ	20	300 1 060	500＋600－40＋15×d－(1×2.29)×d	6	12	1.314	15.768	38.952
高位纵筋插筋	Φ	20	300 1 760	500＋1×max{35×d,500}＋600－40＋15×d－(1×2.29)×d	6	12	2.014	24.168	59.7
箍筋	Φ	10	170 470	2×(470＋170)＋2×(12.89×d)－(3×2.29)×d	4	8	1.469	11.752	7.248

工作页 5-1

学习任务一	剪力墙平法识图及梁钢筋工程量计算	建议学时	4
学习目标	1. 能正确掌握剪力墙包含的构件类型； 2. 能识读剪力墙结构施工图； 3. 能正确计算剪力墙连梁钢筋工程量		
任务描述	本任务通过学习剪力墙平法制图规则及构造详图，了解剪力墙各类型构件的构造要求，并能计算剪力墙连梁的钢筋工程量		
学习过程	查阅广州市某办公楼图纸，仔细阅读结构设计说明、柱结构图、基础详图，并完成以下学习内容： 引导性问题 1：剪力墙中包含哪些构件？ 引导性问题 2：剪力墙包含哪些类型的梁？LLK 表示哪种类型的梁，其钢筋构造与楼层框架梁及 LL 有什么区别？		

续表

学习任务一	剪力墙平法识图及梁钢筋工程量计算	建议学时	4
学习过程	引导性问题 3:剪力墙墙身的平法表示有哪些注写方式?需要标注出哪些信息?		
• 课后要求	用 CAD 绘制出 LLK 钢筋构造详图		

工作页 5-2

学习任务二	剪力墙柱、墙身钢筋工程量计算	建议学时	4
学习目标	1. 能正确掌握剪力墙柱的类型； 2. 能识读剪力墙柱大样图，了解剪力墙柱与框架柱钢筋构造的区别； 3. 能正确计算剪力墙墙身钢筋工程量		
任务描述	本任务通过学习剪力墙平法制图规则及构造详图，了解剪力墙各类型构件的构造要求，并能计算剪力墙暗柱、墙身的钢筋工程量		
学习过程	查阅广州市某办公楼图纸，仔细阅读结构设计说明、柱结构图、基础详图，并完成以下学习内容： 引导性问题 1：剪力墙中的柱按照平面形状可以分为哪些类型？ 引导性问题 2：剪力墙柱纵筋构造与框架柱纵筋构造的区别有哪些？剪力墙柱箍筋在基础内构造要求与框架柱箍筋在基础内构造要求有哪些区别？		

续表

学习任务二	剪力墙柱、墙身钢筋工程量计算	建议学时	4
学习过程	引导性问题 3:剪力墙墙身纵筋在暗柱中的锚固和在端柱中的锚固构造分别是什么?		
• 课后要求	用 CAD 绘制出转角墙钢筋构造详图		

6 基础钢筋工程量计算

6.1 基础平法识图基础知识

6.1.1 基础的类型

22G101—3 平法图集中包含的基础类型如下：

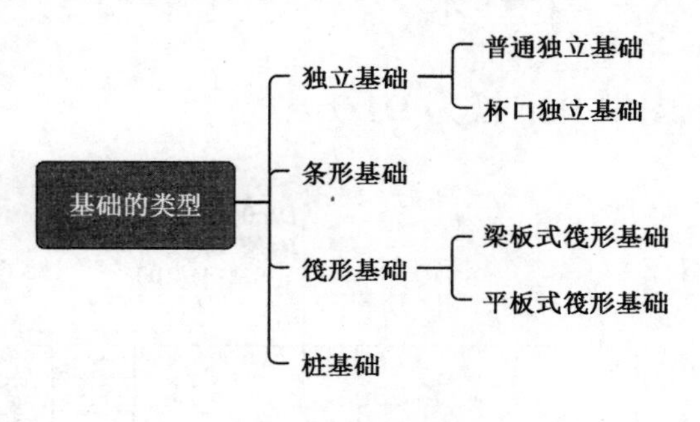

图 6-1 基础类型

6.1.2 基础钢筋种类

本书重点介绍独立基础及桩承台基础。

1）独立基础

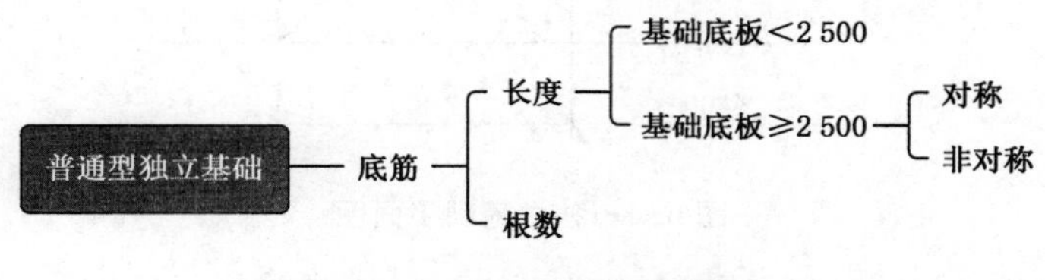

图 6-2 普通独立基础钢筋

2）桩承台基础

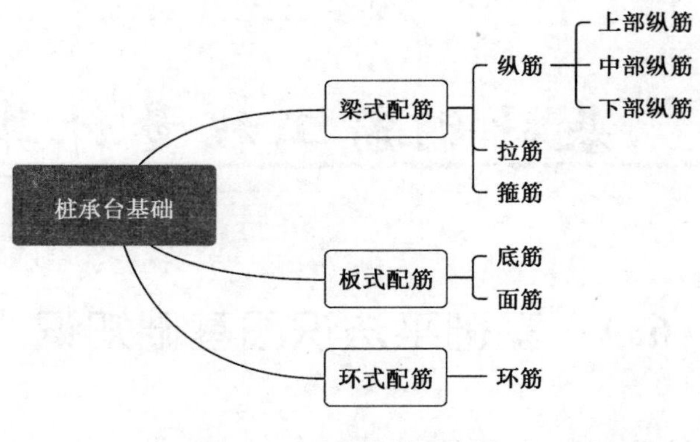

图 6-3　桩承台基础钢筋

6.1.3　基础平法识图实例

1）独立基础(将原图中 DJp 换为 DJz)

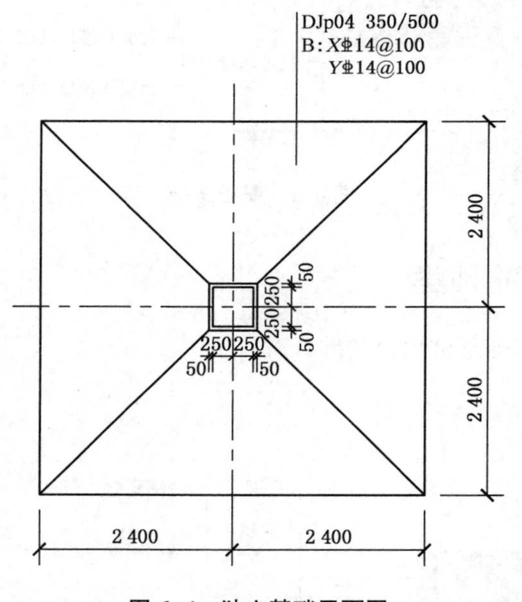

图 6-4　独立基础平面图

上图中,独立基础平面标注中所包含的信息为:(思维导图中,DJp 换为 DJz,第一行坡形换为锥形)

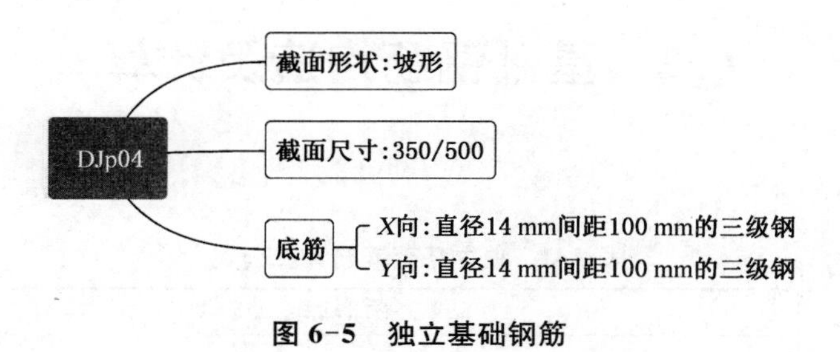

图 6-5 独立基础钢筋

2）桩承台基础

表 6-1 桩承台配筋形式图例

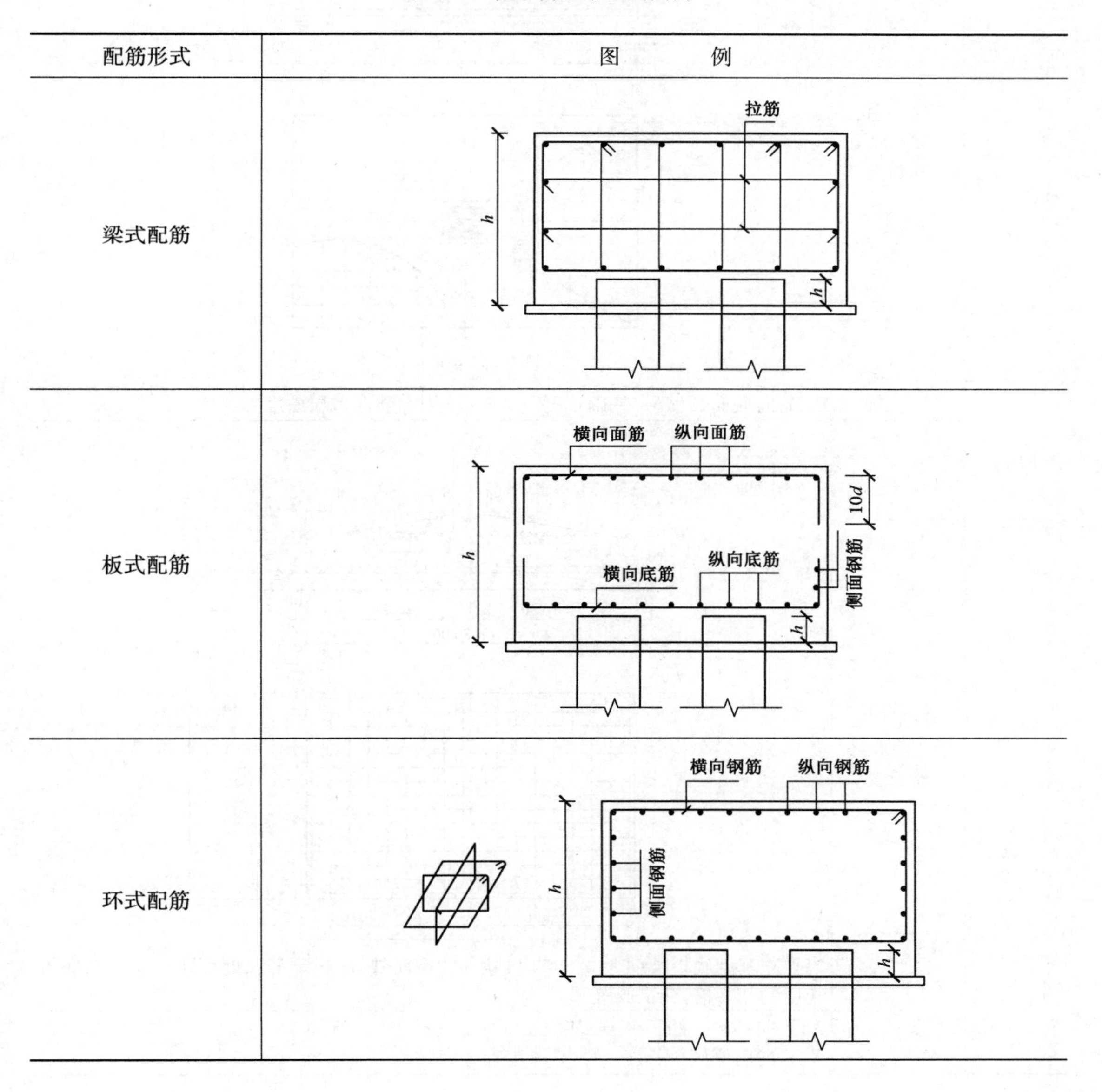

配筋形式	图 例
梁式配筋	拉筋；h；h
板式配筋	横向面筋；纵向面筋；10d；h；横向底筋；纵向底筋；侧面钢筋；h
环式配筋	横向钢筋；纵向钢筋；侧面钢筋；h；h

6.2 基础钢筋构造及计算

1）独立基础

表 6-2 独立基础钢筋计算公式

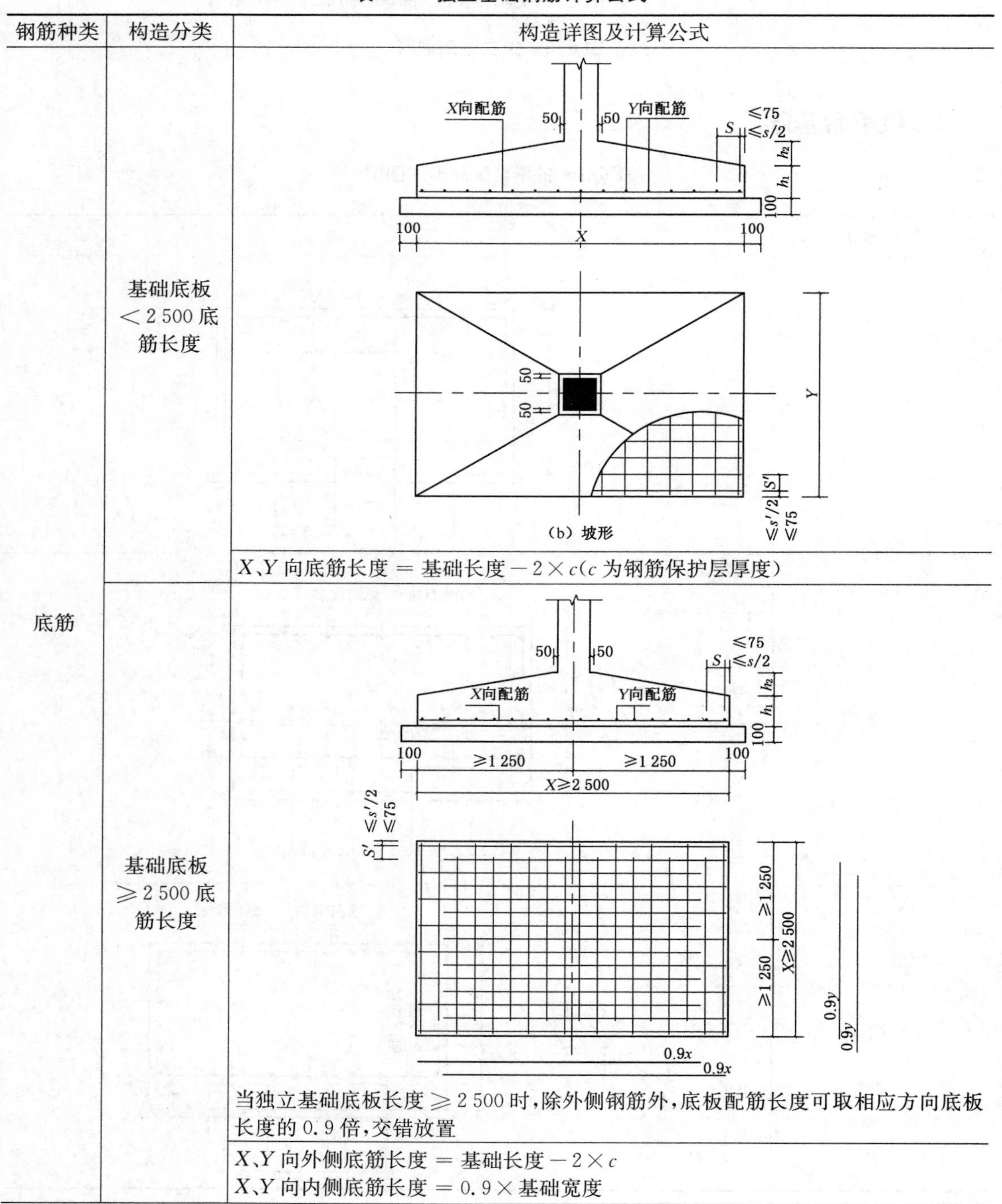

（b）坡形

钢筋种类	构造分类	构造详图及计算公式
底筋	基础底板＜2 500底筋长度	（b）坡形 X、Y 向底筋长度 ＝ 基础长度 － 2 × c（c 为钢筋保护层厚度）
	基础底板≥2 500底筋长度	当独立基础底板长度 ≥ 2 500 时，除外侧钢筋外，底板配筋长度可取相应方向底板长度的 0.9 倍，交错放置 X、Y 向外侧底筋长度 ＝ 基础长度 － 2 × c X、Y 向内侧底筋长度 ＝ 0.9 × 基础宽度

续表

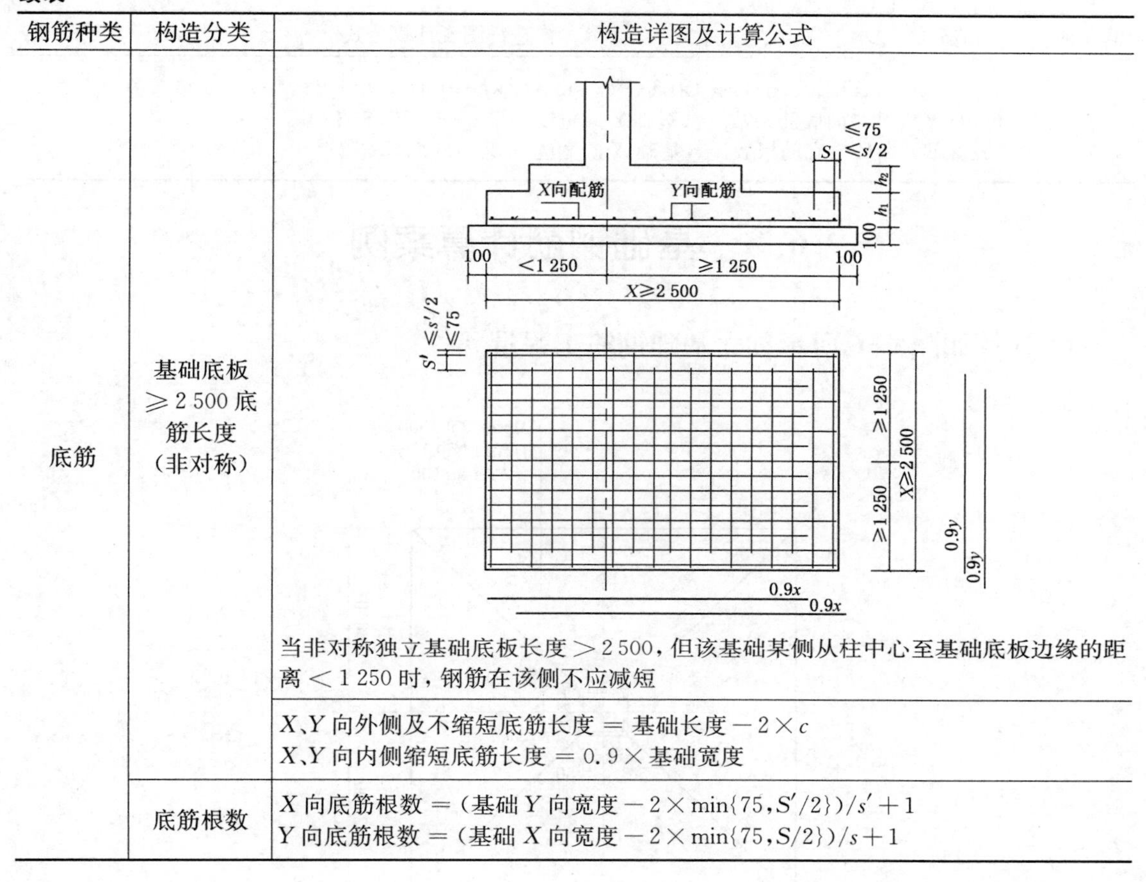

钢筋种类	构造分类	构造详图及计算公式
底筋	基础底板≥2 500底筋长度（非对称）	当非对称独立基础底板长度＞2 500，但该基础某侧从柱中心至基础底板边缘的距离＜1 250时，钢筋在该侧不应减短
		X、Y向外侧及不缩短底筋长度＝基础长度－2×c X、Y向内侧缩短底筋长度＝0.9×基础宽度
	底筋根数	X向底筋根数＝(基础Y向宽度$-2\times\min\{75,S'/2\})/s'+1$ Y向底筋根数＝(基础X向宽度$-2\times\min\{75,S/2\})/s+1$

2）桩承台基础

表 6-3 桩承台基础钢筋计算方法

钢筋种类	构造分类	构造详图及计算公式
底筋	矩形、阶形承台（板式配筋）	方桩：≥25d 圆桩：≥25d+≥0.1D，D为圆桩直径 （当伸至端部直端长度方桩≥35d或圆桩≥35d+≥0.1D时不可弯折）

续表

钢筋种类	构造分类	构造详图及计算公式
底筋	矩形、阶形承台(板式配筋)	长度:两侧桩内净距离 + 2 × max{25d + 0.1D, D} + 2 × 10d − 量度差值 X 向底筋根数 = (基础 Y 向宽度 − 2 × min{75, S'/2})/s' + 1 Y 向底筋根数 = (基础 X 向宽度 − 2 × min{75, S/2})/s + 1

6.3 基础钢筋计算案例

1）计算如图 6-6 所示独立基础钢筋工程量

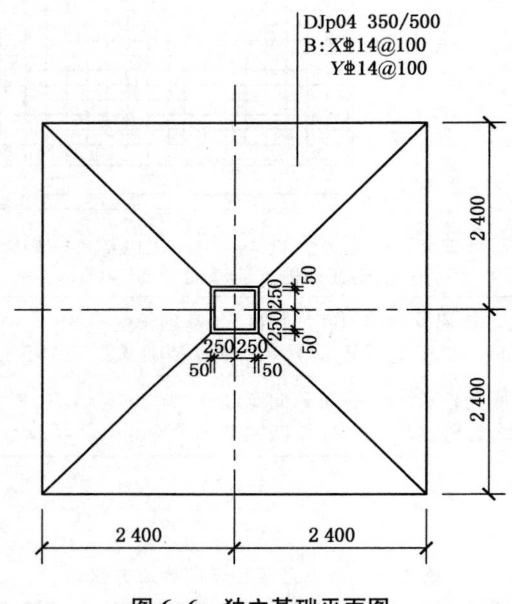

图 6-6 独立基础平面图

解:通过读图、查找独立基础钢筋计算公式和计算数据,该独立基础钢筋工程量计算如表 6-4 所示。

表 6-4 独立基础 DJp04 钢筋抽料表

筋号	级别	直径/mm	钢筋图形	计算公式	根数	总根数	单长/m	总长/m	总重/kg
X 向外侧底筋	Φ	14	4 720	4 800−40−40	2	2	4.72	9.44	11.422
X 向内侧底筋	Φ	14	4 320	0.9×4 800	46	46	4.32	198.72	240.442
Y 向外侧底筋	Φ	14	4 720	4 800−40−40	2	2	4.72	9.44	11.422
Y 向内侧底筋	Φ	14	4 320	0.9×4 800	46	46	4.32	198.72	240.442

2）计算桩承台基础钢筋工程量

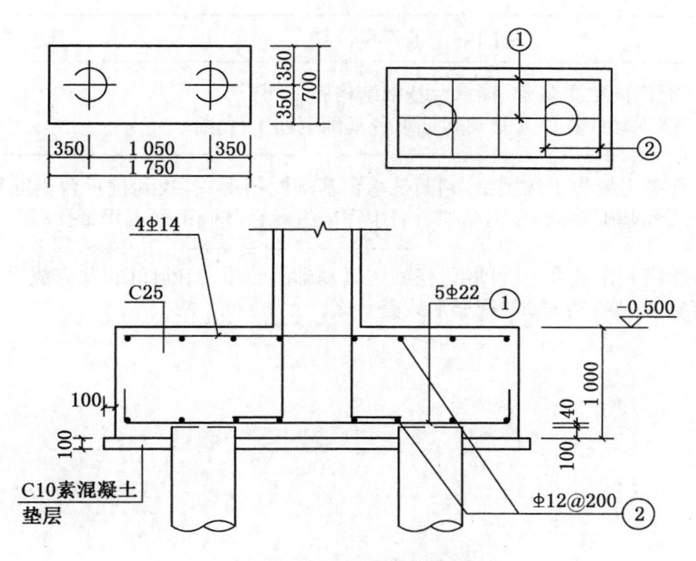

图 6-7 桩承台基础图

解:通过读图、查找桩承台基础钢筋计算公式和计算数据，该桩承台基础钢筋工程量计算如表 6-5 所示。

表 6-5 桩承台基础钢筋抽料表

筋号	级别	直径/mm	钢筋图形	计算公式	根数	总根数	单长/m	总长/m	总重/kg
横向面筋 1	Φ	14	1 660	1 750−2×45	4	52	1.66	86.32	104.468
纵向面筋 1	Φ	12	610	700−2×45	10	130	0.61	79.3	70.46
横向底筋 1	Φ	22	220 1 660	$10\times d+1\,750-2\times 45+10\times d-[(2\times 2.29)\times d]$	5	65	1.999	129.935	387.205
纵向底筋 1	Φ	12	120 610	$10\times d+700-2\times 45+10\times d-[(2\times 2.29)\times d]$	10	130	0.795	103.35	91.78

工作页 6

学习任务	基础钢筋工程量计算	建议学时	4
学习目标	1. 能识读独立基础、桩承台基础结构施工图； 2. 能正确计算独立基础和桩承台基础钢筋工程量		
任务描述	本任务需要先识读图纸，判断桩承台基础配筋形式，找到桩承台钢筋数据；通过查找计算公式和基础数据，在钢筋抽料表中完成桩承台基础钢筋工程量计算		
学习过程	查阅广州市某办公楼图纸，仔细阅读基础平面图、基础详图，并完成以下学习内容： 引导性问题 1：ZJ2 的配筋形式是什么？ 引导性问题 2：方桩和圆桩的桩承台基础底部纵筋的锚固数值是否相同？如果不同，区别是什么？		

续表

学习任务	基础钢筋工程量计算	建议学时	4
学习过程	引导性问题 3:独立基础钢筋缩减 10%的构造适用于哪种情况?		
• 课后要求	完成图纸中所有桩承台基础的钢筋工程量计算		

7 板式楼梯钢筋工程量计算

7.1 板式楼梯平法识图基础知识

7.1.1 板式楼梯分类

按 22G101—2 平法图集构造，板式楼梯类型见表 7-1 所示。

表 7-1　板式楼梯类型

楼梯类型及适用条件	图　例
AT： 两梯段之间的矩形梯板全部由踏步段构成，即踏步段两端均以梯梁为支座	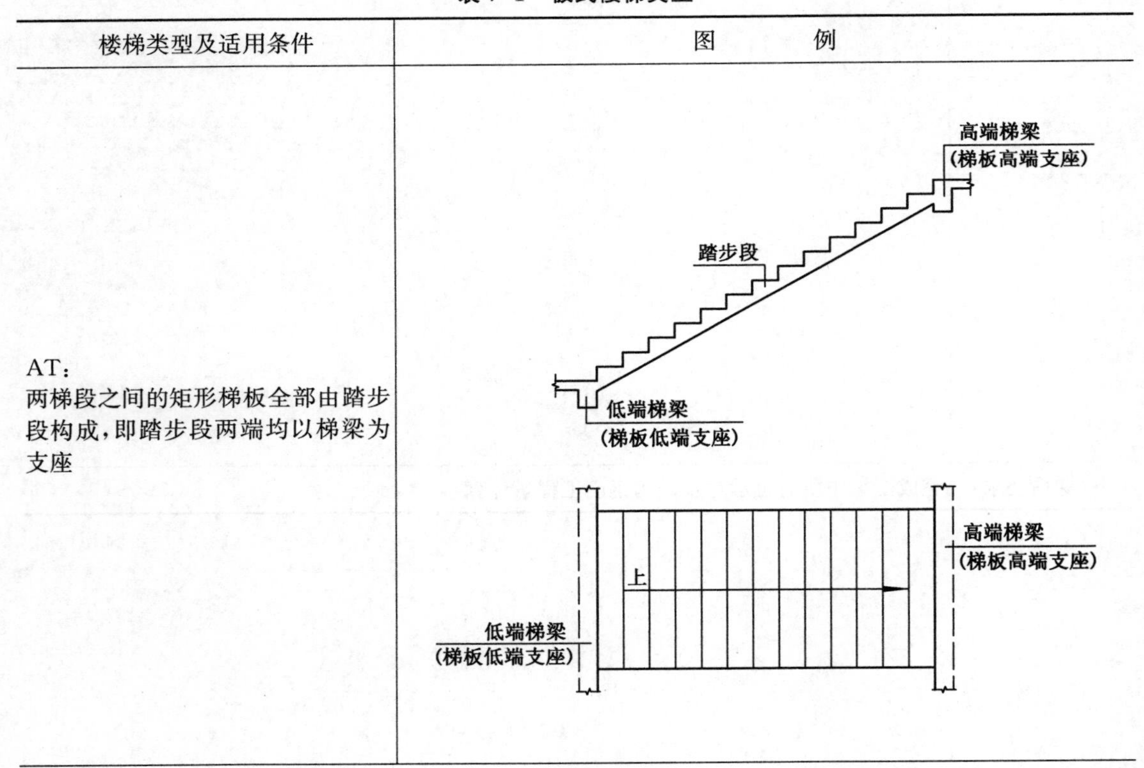

续表

楼梯类型及适用条件	图　　例
BT： 两梯段之间的矩形梯板由低端平板和踏步段构成，两部分的一端各自以梯梁为支座	
CT： 两梯段之间的矩形梯板由踏步段和高端平板构成，两部分的一端各自以梯梁为支座	

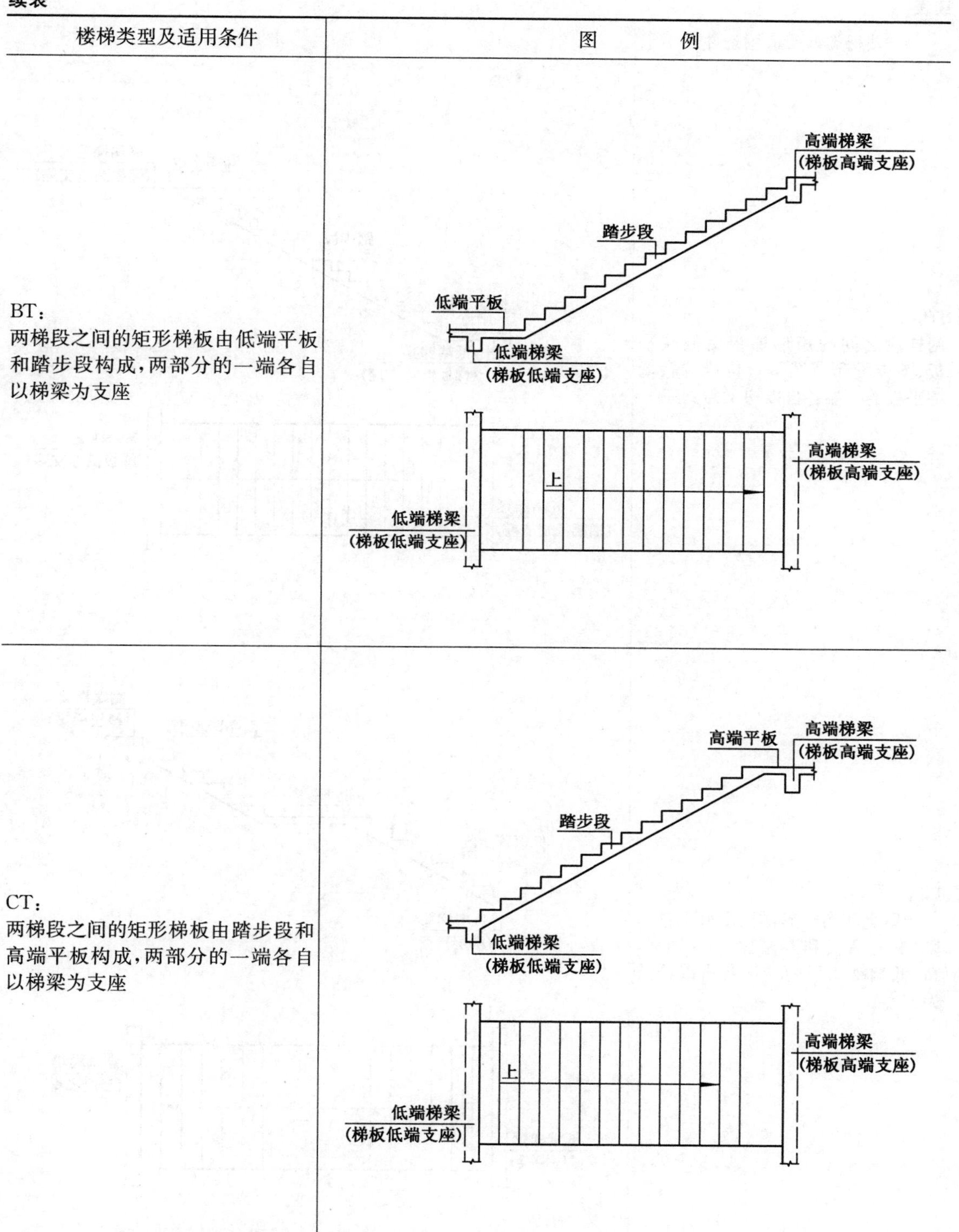

续表

楼梯类型及适用条件	图　　例
DT： 两梯段之间的矩形梯板由低端平板、踏步段和高端平板构成，高、低端平板的一端各自以梯梁为支座	
ET： 两梯段之间的矩形梯板由低端踏步段、中位平板和高端踏步段构成，高、低端踏步段的一端各自以梯梁为支座	

续表

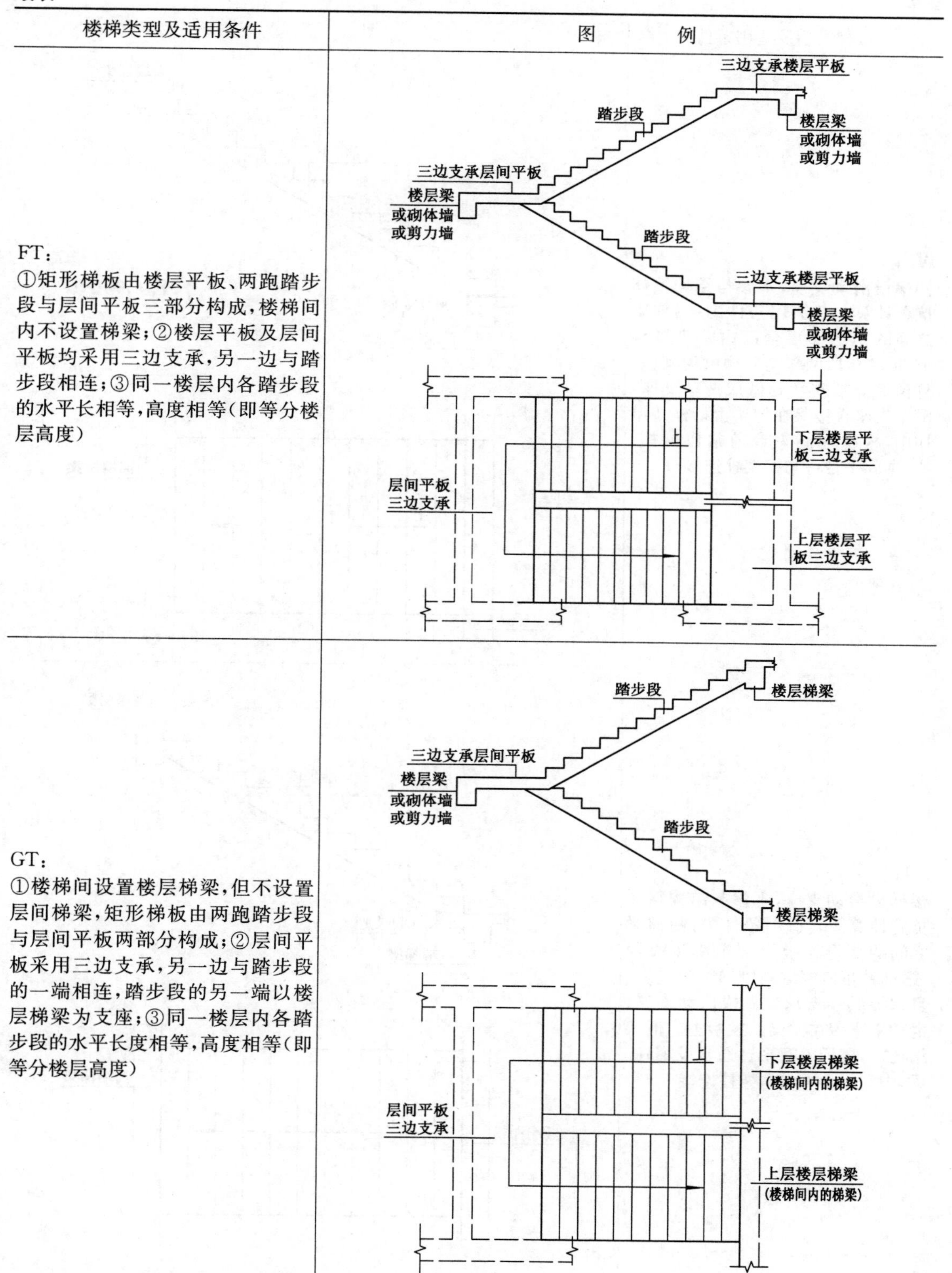

楼梯类型及适用条件	图　　例
FT： ①矩形梯板由楼层平板、两跑踏步段与层间平板三部分构成，楼梯间内不设置梯梁；②楼层平板及层间平板均采用三边支承，另一边与踏步段相连；③同一楼层内各踏步段的水平长相等，高度相等（即等分楼层高度）	
GT： ①楼梯间设置楼层梯梁，但不设置层间梯梁，矩形梯板由两跑踏步段与层间平板两部分构成；②层间平板采用三边支承，另一边与踏步段的一端相连，踏步段的另一端以楼层梯梁为支座；③同一楼层内各踏步段的水平长度相等，高度相等（即等分楼层高度）	

续表

楼梯类型及适用条件	图　　例
ATa： 楼梯设滑动支座，不参与结构整体抗震计算。其适用条件为：两梯梁之间的矩形梯板全部由踏步段构成，即踏步段两端均以梯梁为支座，且梯板低端支承处做成滑动支座，滑动支座直接落在梯梁上。框架结构中，楼梯中间平台通常设梯柱、梁，中间平台可与框架柱连接	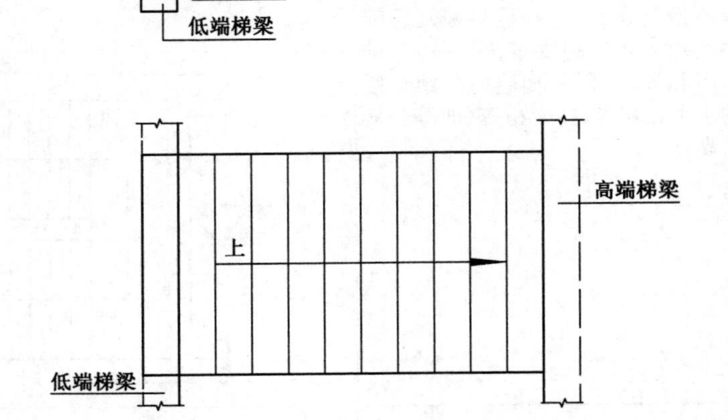
ATb： 楼梯设滑动支座，不参与结构整体抗震计算。其适用条件为：两梯梁之间的矩形梯板全部由踏步段构成，即踏步段两端均以梯梁为支座，且梯板低端支承处做成滑动支座，滑动支座落在梯梁的挑板上。框架结构中，楼梯中间平台通常设梯柱、梁，中间平台可与框架柱连接	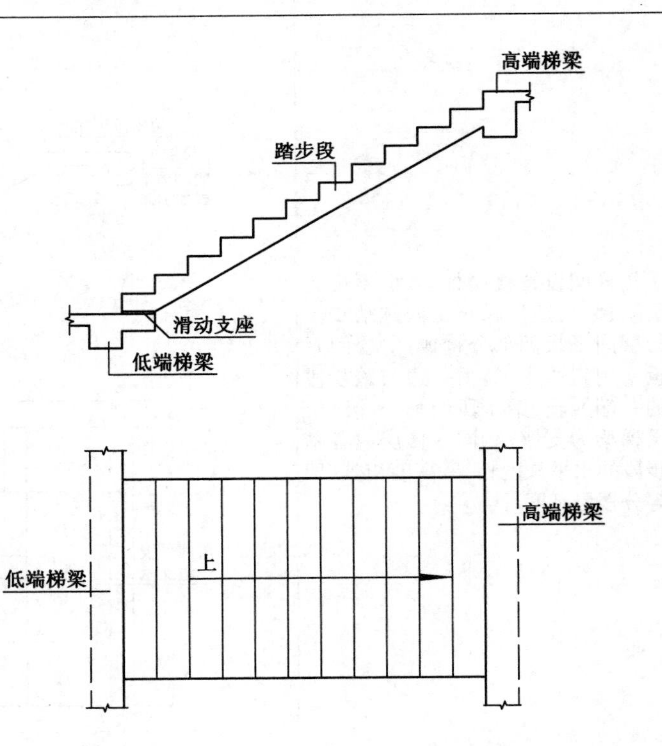

续表

楼梯类型及适用条件	图　　　例
ATc： 用于参与结构整体抗震计算。其适用条件为：两梯梁之间的矩形梯板全部由踏步段构成，即踏步段两端均以梯梁为支座。框架结构中，楼梯中间平台通常设梯柱、梁，中间平台可与框架柱连接（2个梯柱形式）或脱开（4个梯柱形式）	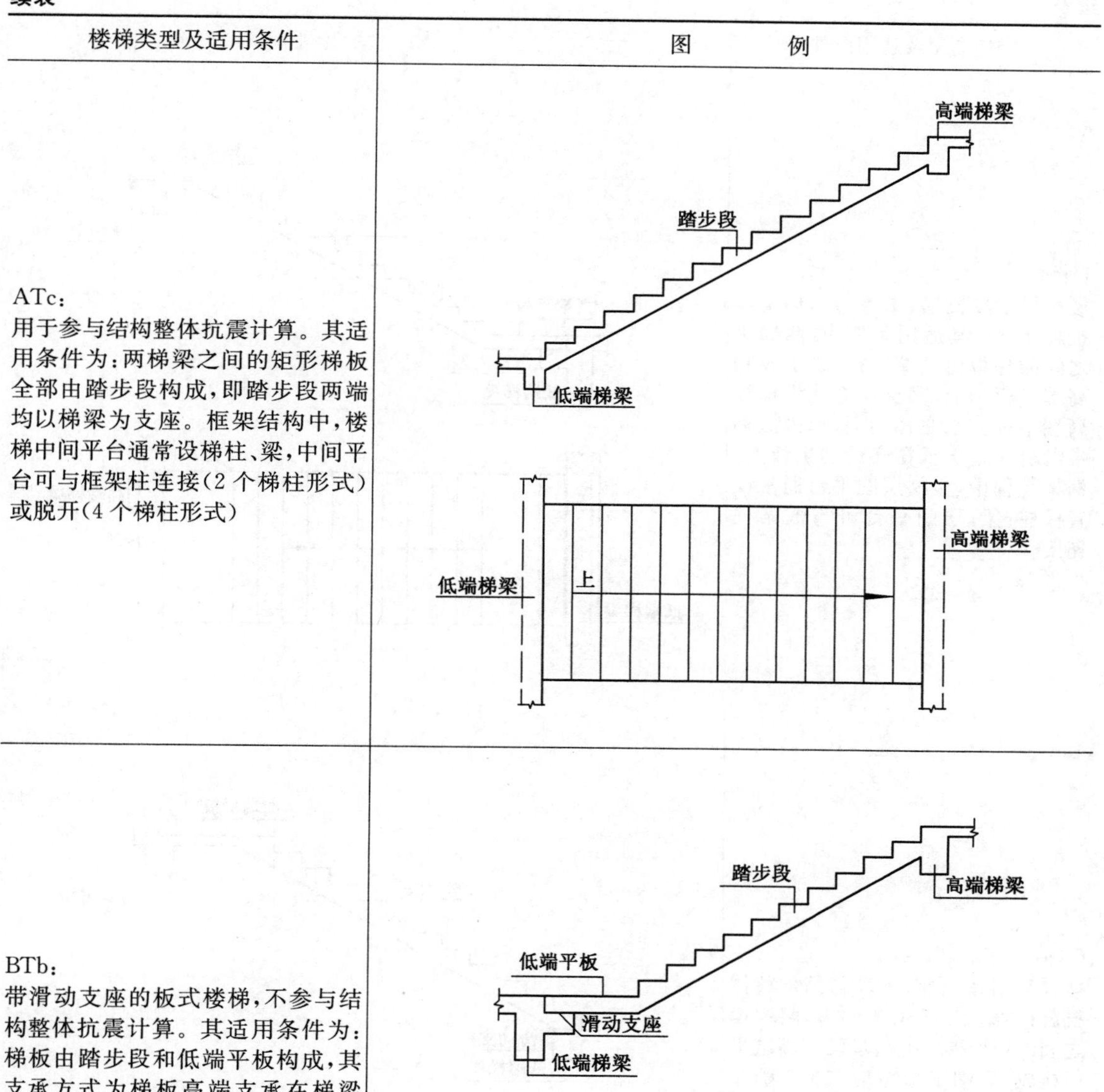
BTb： 带滑动支座的板式楼梯，不参与结构整体抗震计算。其适用条件为：梯板由踏步段和低端平板构成，其支承方式为梯板高端支承在梯梁上，梯板低端带滑动支座支承在梯梁的挑板上。框架结构中，楼梯中间平台通常设置梯柱、梁，层间平台可与框架柱连接	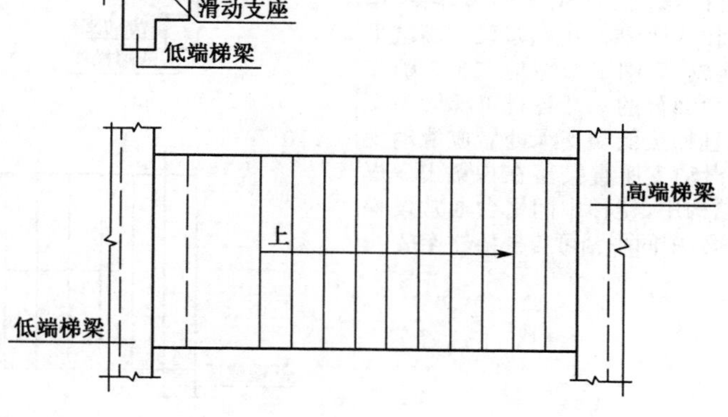

续表

楼梯类型及适用条件	图　　例
DTb： 楼梯设滑动支座，不参与结构整体抗震计算。其适用条件为：两梯梁之间的梯板由低端平板、踏步段和高端平板构成，其支承方式为梯板高端平板支承在梯梁上，梯板低端带滑动支座支承在梯梁的挑板上。框架结构中，楼梯层间平台通常设置梯柱、梁，层间平台可与框架柱连接	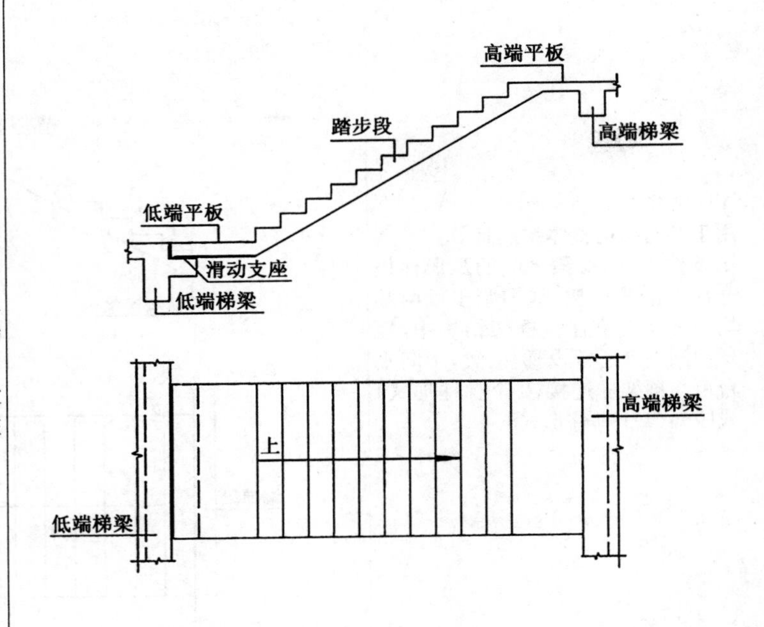
CTa： 楼梯设滑动支座，不参与结构整体抗震计算。其适用条件为：两梯梁之间的矩形梯板由踏步段和高端平板构成，高端平板宽应<3 个踏步宽，两部分的一端各自以梯梁为支座，且梯板低端支承处做成滑动支座，滑动支座直接落在梯梁上。框架结构中，楼梯中间平台通常设梯柱、梁，中间平台可与框架柱连接	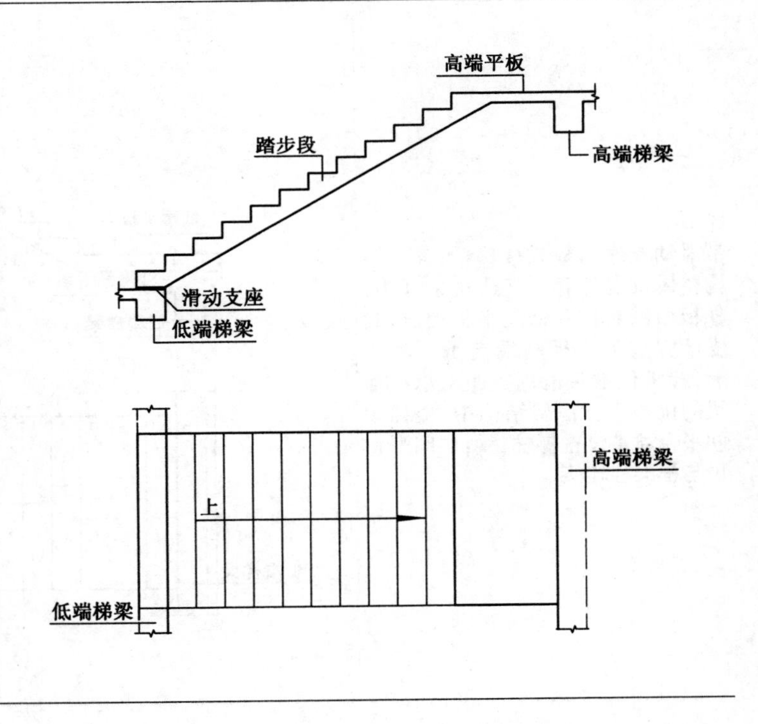

续表

楼梯类型及适用条件	图　　例
CTb： 楼梯设滑动支座，不参与结构整体抗震计算。其适用条件为：两梯梁之间的矩形梯板由踏步段和高端平板构成，高端平板宽应<3个踏步宽，两部分的一端各自以梯梁为支座，且梯板低端支承处做成滑动支座，滑动支座落在梯梁的挑板上。框架结构中，楼梯中间平台通常设梯柱、梁，中间平台可与框架柱连接	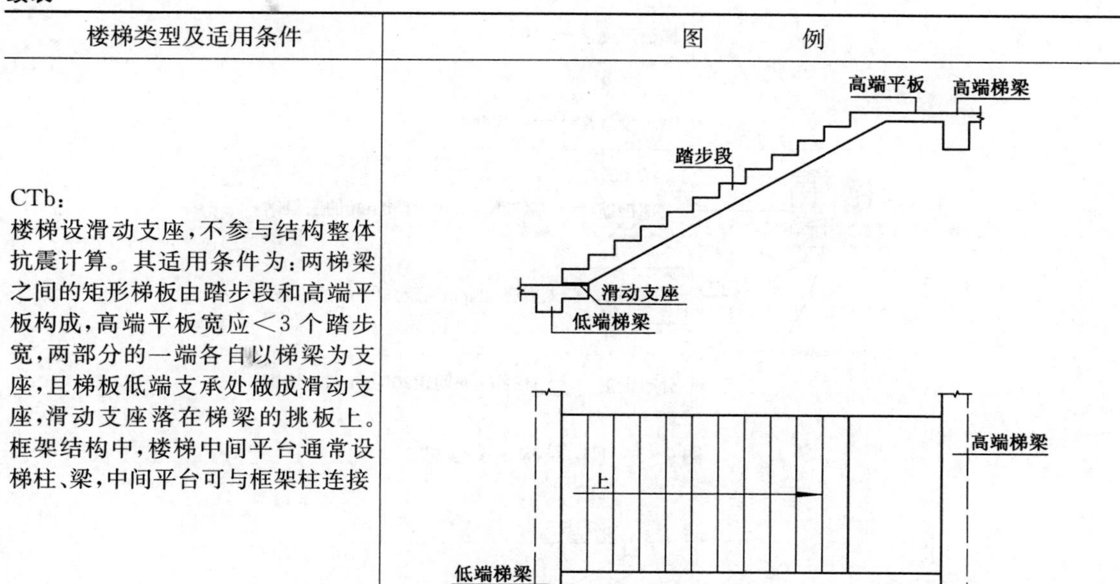

7.1.2　板式楼梯钢筋种类

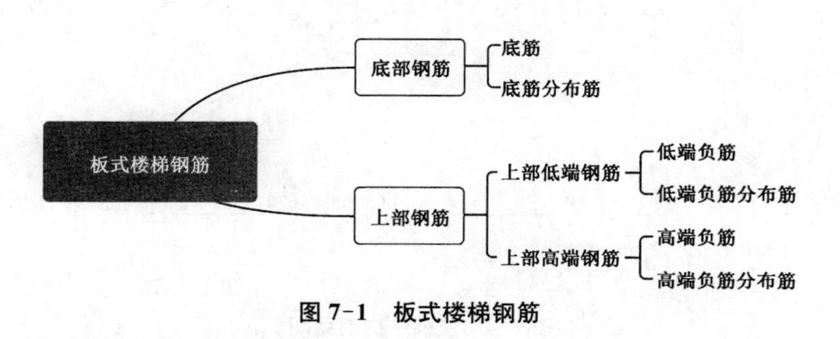

图 7-1　板式楼梯钢筋

7.1.3　板式楼梯平法识图实例

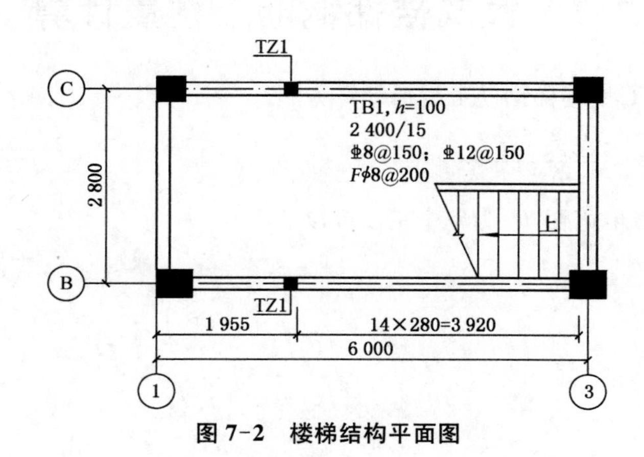

图 7-2　楼梯结构平面图

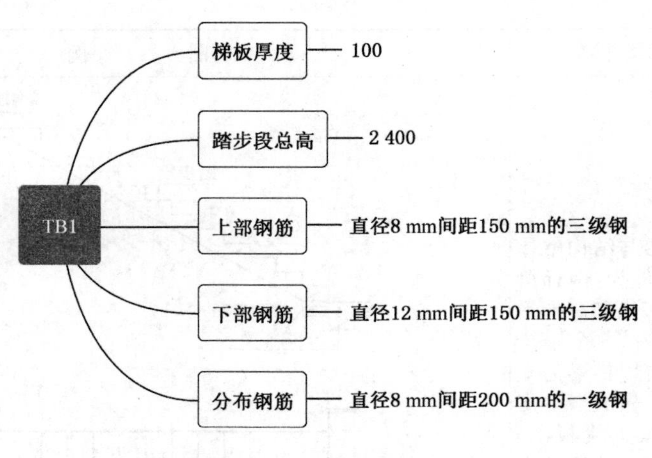

图 7-3　TB1 结构识图信息

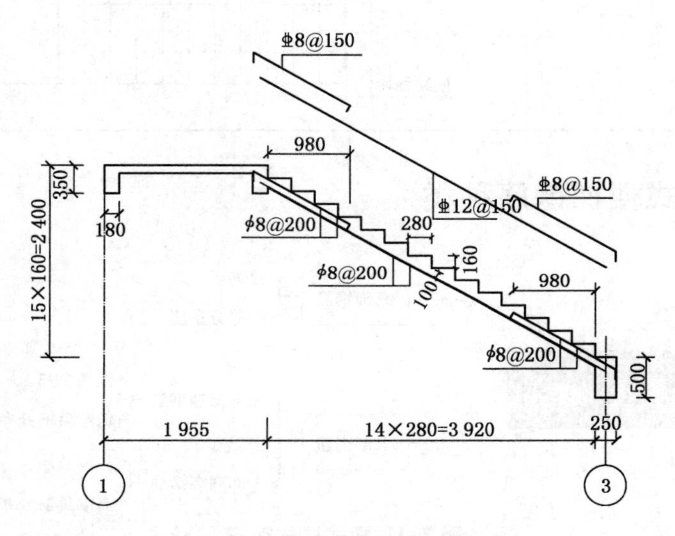

图 7-4　楼梯结构剖面图

7.2　板式楼梯钢筋工程量计算

本书重点介绍 AT 型楼梯钢筋工程量计算方法。

梯板斜度系数 $k=\dfrac{\sqrt{b_s^2+h_s^2}}{b_s}$

其中：b_s 为单个踏步宽度，h_s 为单个踏步高度。

表 7-2 楼梯钢筋计算公式

<table>
<tr><th>钢筋种类</th><th>构造分类</th><th>构造详图及计算公式</th></tr>
<tr><td rowspan="2">底筋</td><td rowspan="2">直锚</td><td>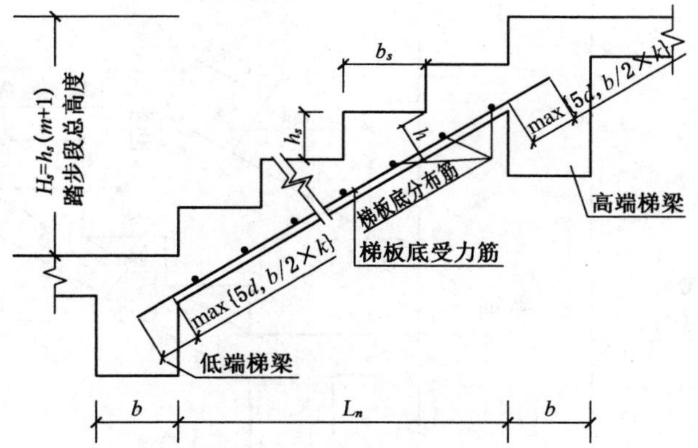
</td></tr>
<tr><td>长度 = $L_n \times k + \max\{5d, b \times k/2\} \times 2$
根数 = (梯板宽度 − 50 × 2)/s + 1</td></tr>
<tr><td>底筋分布筋</td><td></td><td>长度 = 梯板宽度 − 2 × c(c 为钢筋保护层厚度)
根数 = ($L_n \times k - 50 \times 2$)/$s$ + 1</td></tr>
<tr><td rowspan="2">上部低端负筋</td><td rowspan="2">弯锚</td><td>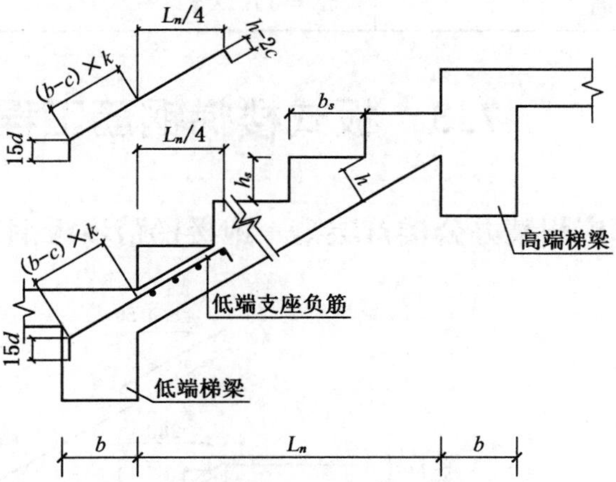
</td></tr>
<tr><td>长度 = $h - 2c + L_n \times k/4 + (b - c) \times k + 15d$ − 量度差值
根数 = (梯板宽度 − 50 × 2)/ 低端负筋间距 + 1</td></tr>
<tr><td>上部低端
负筋分布筋</td><td></td><td>长度 = 梯板宽度 − 2 × c
根数 = ($L_n \times k/4 - 50$)/s + 1</td></tr>
</table>

续表

钢筋种类	构造分类	构造详图及计算公式
上部高端负筋	弯锚	长度 $= h - 2c + L_n \times k/4 + (b-c) \times k + 15d -$ 量度差值 或 $h - 2c + L_n \times k/4 + l_a -$ 量度差值 根数 =（梯板宽度 $- 50 \times 2$）/ 低端负筋间距 $+ 1$
上部高端负筋分布筋		长度 = 梯板宽度 $- 2 \times c$ 根数 $= (L_n \times k/4 - 50)/s + 1$

7.3 板式楼梯钢筋工程量计算案例

计算广州某办公楼首层第一跑楼梯踏步板钢筋工程量

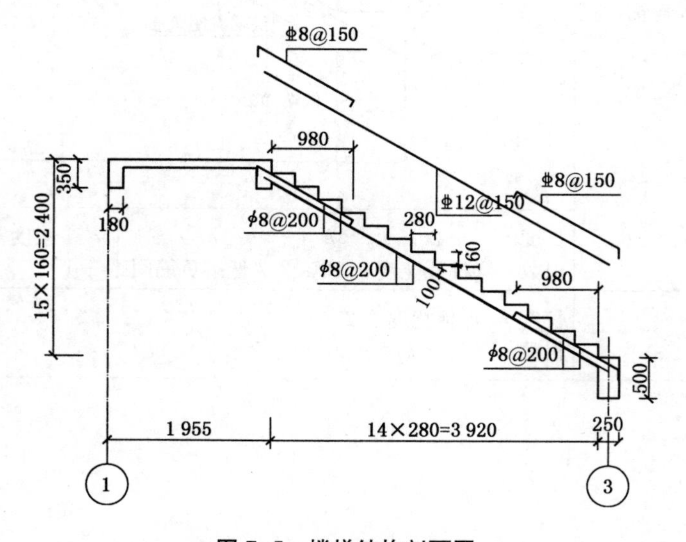

图 7-5　楼梯结构剖面图

解:通过读图计算出楼梯斜度系数 $k=\dfrac{\sqrt{160^2+280^2}}{280}=1.152$

查找楼梯钢筋计算公式和计算数据,楼梯踏步板 TB1 钢筋工程量计算如表 7-3 所示。

表 7-3　楼梯踏步板 TB1 钢筋抽料表

筋号	级别	直径/mm	钢筋图形	计算公式	根数	总根数	单长/m	总长/m	总重/kg
梯板下部纵筋	Φ	12	4 731	$3\,920\times1.152+90+125$	10	10	4.731	47.31	42.01
下梯梁端上部负筋	Φ	8	1 400; 120; 640; 70	$3\,920/4\times1.152+320+100-2\times15-(1\times2.29+1\times2.29)\times d$	10	10	1.482	14.82	5.85
梯板分布钢筋	φ	8	1 320	$1\,320+12.5\times d$	38	38	1.42	53.96	21.318
上梯梁端上部负筋	Φ	8	1 400; 130; 640; 70	$3\,920/4\times1.152+320+100-2\times15-(1\times2.29+1\times2.29)\times d$	10	10	1.482	14.82	5.85

工作页 7

学习任务	板式楼梯钢筋工程量计算	建议学时	4
学习目标	1. 能正确掌握楼梯的分类； 2. 能识读楼梯结构施工图； 3. 能正确计算 AT 型楼梯钢筋工程量		
任务描述	本任务需要先识读图纸，找到楼梯钢筋标注信息；通过查找计算公式和基础数据，在钢筋抽料表中完成楼梯钢筋工程量计算		
学习过程	查阅广州市某办公楼图纸，仔细阅读楼梯结构详图，完成以下学习任务： 引导性问题 1：图纸中的楼梯属于哪种类型，都包含哪些钢筋？ 引导性问题 2：楼梯的斜度系数如何计算？		

续表

学习任务	板式楼梯钢筋工程量计算	建议学时	4
学习过程	引导性问题 3:通过查找楼梯钢筋计算公式,在钢筋抽料表中完成首层第二跑踏步板 AT1 的钢筋工程量计算。		
• 课后要求	计算本工程二层楼梯钢筋工程量		

8 广州某办公楼钢筋工程量计算

基础钢筋抽料表

构件名称:ZJ2				构件数量:13	本构件钢筋重:50.301 kg				
筋号	级别	直径/mm	钢筋图形	计算公式	根数	总根数	单长/m	总长/m	总重/kg
横向面筋	Φ	14	1 660	1 750－2×45	4	52	1.66	86.32	104.468
纵向面筋	Φ	12	610	700－2×45	10	130	0.61	79.3	70.46
横向底筋	Φ	22	220 1 660	10×*d*＋1 750－2×45＋10×*d*－[(2×2.29)×*d*]	5	65	1.999	129.935	387.205
纵向底筋	Φ	12	120 610	10×*d*＋700－2×45＋10×*d*－[(2×2.29)×*d*]	10	130	0.795	103.35	91.78

柱钢筋抽料表

工程名称:广州某办公楼

楼层名称:基础层

构件名称:KZ1				构件数量:6	本构件钢筋重:59.314 kg				
筋号	级别	直径/mm	钢筋图形	计算公式	根数	总根数	单长/m	总长/m	总重/kg
柱低位纵筋	Φ	20	150 2 543	4 750/3＋1 000－100－40＋max{6×*d*,150}－(1×2.29)×*d*	4	24	2.547	61.128	150.984
柱高位纵筋	Φ	20	150 3 243	4 750/3＋1×35×*d*＋1 000－100－40＋max{6×*d*,150}－(1×2.29)×*d*	4	24	3.247	77.928	192.48
箍筋	φ	8	350 450	2×(450＋350)＋2×(11.9×*d*)－(3×1.75)×*d*	3	18	1.748	31.464	12.42

续表

楼层名称：基础层

构件名称：KZ1a　　构件数量：5　　本构件钢筋重：59.314 kg

筋号	级别	直径/mm	钢筋图形	计算公式	根数	总根数	单长/m	总长/m	总重/kg
柱低位纵筋	Ф	20	150 2 543	4 750/3＋1 000－100－40＋max{6×d,150}－(1×2.29)×d	4	20	2.547	50.94	125.82
柱高位纵筋	Ф	20	150 3 243	4 750/3＋1×35×d＋1 000－100－40＋max{6×d,150}－(1×2.29)×d	4	20	3.247	64.94	160.4
箍筋	Φ	8	350 450	2×(450＋350)＋2×(11.9×d)－(3×1.75)×d	3	15	1.748	26.22	10.35

构件名称：KZ3　　构件数量：1　　本构件钢筋重：47.942 kg

筋号	级别	直径/mm	钢筋图形	计算公式	根数	总根数	单长/m	总长/m	总重/kg
柱低位纵筋	Ф	18	150 2 543	4 750/3＋1 000－100－40＋max{6×d,150}－(1×2.29)×d	4	4	2.552	10.208	20.416
柱高位纵筋	Ф	18	150 3 173	4 750/3＋1×35×d＋1 000－100－40＋max(6×d,150}－(1×2.29)×d	4	4	3.182	12.728	25.456
箍筋	Φ	8	350 450	2×(450＋350)＋2×(11.9×d)－(3×1.75)×d	3	3	1.748	5.244	2.07

构件名称：KZ2　　构件数量：2　　本构件钢筋重：37.56 kg

筋号	级别	直径/mm	钢筋图形	计算公式	根数	总根数	单长/m	总长/m	总重/kg
柱低位纵筋	Ф	16	150 2 543	4 750/3＋1 000－100－40＋max{6×d,150}－(1×2.29)×d	4	8	2.556	20.448	32.304
柱高位纵筋	Ф	16	150 3 103	4 750/3＋1×35×d＋1 000－100－40＋max{6×d,150}－(1×2.29)×d	4	8	3.116	24.928	39.384
箍筋	Φ	8	300 350	2×(350＋300)＋2×(11.9×d)－(3×1.75)×d	3	6	1.448	8.688	3.432

楼层名称：首层　　钢筋总重：1 477.92 kg

构件名称：KZ1　　构件数量：6　　本构件钢筋重：111.652 kg

筋号	级别	直径/mm	钢筋图形	计算公式	根数	总根数	单长/m	总长/m	总重/kg
柱纵筋	Ф	20	4 184	5 250－1 583＋max{3 100/6,500,500}	8	48	4.184	200.832	496.032
箍筋	Φ	8	350 450	2×(450＋350)＋2×(11.9×d)－(3×1.75)×d	42	252	1.748	440.496	173.88

构件名称：KZ1a　　构件数量：5　　本构件钢筋重：111.652 kg

筋号	级别	直径/mm	钢筋图形	计算公式	根数	总根数	单长/m	总长/m	总重/kg
柱纵筋	Ф	20	4 184	5 250－1 583＋max{3 100/6,500,500}	8	40	4.184	167.36	413.36
箍筋	Φ	8	350 450	2×(450＋350)＋2×(11.9×d)－(3×1.75)×d	42	210	1.748	367.08	144.9

续表

筋号	级别	直径/mm	钢筋图形	计算公式	根数	总根数	单长/m	总长/m	总重/kg
楼层名称:首层									
构件名称:KZ3				构件数量:1	本构件钢筋重:95.924 kg				
柱纵筋	Φ̶	18	4 184	5 250－1 583＋max{3 100/6,500,500}	8	8	4.184	33.472	66.944
箍筋	Φ	8	350 450	2×(450＋350)＋2×(11.9×d)－(3×1.75)×d	42	42	1.748	73.416	28.98
构件名称:KZ2				构件数量:2	本构件钢筋重:76.912 kg				
柱纵筋	Φ̶	16	4 184	5 250－1 583＋max{3 100/6,400,500}	8	16	4.184	66.944	105.776
箍筋	Φ	8	300 350	2×(350＋300)＋2×(11.9×d)－(3×1.75)×d	42	84	1.448	121.632	48.048
楼层名称:第2层					钢筋总重:1 194.976 kg				
构件名称:KZ1				构件数量:6	本构件钢筋重:90.456 kg				
柱纵筋	Φ̶	20	3 600	3 600－517＋max{3 100/6,500,500}	8	48	3.6	172.8	426.816
箍筋	Φ	8	350 450	2×(450＋350)＋2×(11.9×d)－(3×1.75)×d	28	168	1.748	293.664	115.92
构件名称:KZ1a				构件数量:5	本构件钢筋重:90.456 kg				
柱纵筋	Φ̶	20	3 600	3 600－517＋max{3 100/6,500,500}	8	40	3.6	144	355.68
箍筋	Φ	8	350 450	2×(450＋350)＋2×(11.9×d)－(3×1.75)×d	28	140	1.748	244.72	96.6
构件名称:KZ3				构件数量:1	本构件钢筋重:76.92 kg				
柱纵筋	Φ̶	18	3 600	3 600－517＋max{3 100/6,500,500}	8	8	3.6	28.8	57.6
箍筋	Φ	8	350 450	2×(450＋350)＋2×(11.9×d)－(3×1.75)×d	28	28	1.748	48.944	19.32
构件名称:KZ2				构件数量:2	本构件钢筋重:61.52 kg				
柱纵筋	Φ̶	16	3 600	3 600－517＋max{3 100/6,400,500}	8	16	3.6	57.6	91.008
箍筋	Φ	8	300 350	2×(350＋300)＋2×(11.9×d)－(3×1.75)×d	28	56	1.448	81.088	32.032
楼层名称:第3层					钢筋总重:1 031.616 kg				
构件名称:KZ1				构件数量:1	本构件钢筋重:80.701 kg				
柱低位纵筋	Φ̶	20	785 3 058	3 600－517－500＋1.5×42×d－(1×2.29)×d	1	1	3.797	3.797	9.379

续表

楼层名称:第3层								钢筋总重:1 031.616 kg	
构件名称:KZ1				构件数量:1		本构件钢筋重:80.701 kg			
筋号	级别	直径/mm	钢筋图形	计算公式	根数	总根数	单长/m	总长/m	总重/kg
柱低位纵筋	Φ	20	240 3 058	$3\,600-517-500+500-25+12\times d-(1\times 2.29)\times d$	3	3	3.252	9.756	24.096
柱高位纵筋	Φ	20	785 2 358	$3\,600-1\,217-500+1.5\times 42\times d-(1\times 2.29)\times d$	2	2	3.097	6.194	15.3
柱高位纵筋	Φ	20	240 2 358	$3\,600-1\,217-500+500-25+12\times d-(1\times 2.29)\times d$	2	2	2.552	5.104	12.606
箍筋	φ	8	350 450	$2\times(450+350)+2\times(11.9\times d)-(3\times 1.75)\times d$	28	28	1.748	48.944	19.32
构件名称:KZ1				构件数量:2		本构件钢筋重:78.007 kg			
柱低位纵筋	Φ	20	240 3 058	$3\,600-517-500+500-25+12\times d-(1\times 2.29)\times d$	4	8	3.252	26.016	64.256
柱高位纵筋	Φ	20	240 2 358	$3\,600-1\,217-500+500-25+12\times d-(1\times 2.29)\times d$	3	6	2.552	15.312	37.818
柱高位纵筋	Φ	20	785 2 358	$3\,600-1\,217-500+1.5\times 42\times d-(1\times 2.29)\times d$	1	2	3.097	6.194	15.3
箍筋	φ	8	350 450	$2\times(450+350)+2\times(11.9\times d)-(3\times 1.75)\times d$	28	56	1.748	97.888	38.64
构件名称:KZ1				构件数量:1		本构件钢筋重:80.701 kg			
柱低位纵筋	Φ	20	240 3 058	$3\,600-517-500+500-25+12\times d-(1\times 2.29)\times d$	3	3	3.252	9.756	24.096
柱低位纵筋	Φ	20	785 3 058	$3\,600-517-500+1.5\times 42\times d-(1\times 2.29)\times d$	1	1	3.797	3.797	9.379
柱高位纵筋	Φ	20	240 2 358	$3\,600-1\,217-500+500-25+12\times d-(1\times 2.29)\times d$	2	2	2.552	5.104	12.606
柱高位纵筋	Φ	20	785 2 358	$3\,600-1\,217-500+1.5\times 42\times d-(1\times 2.29)\times d$	2	2	3.097	6.194	15.3
箍筋	φ	8	350 450	$2\times(450+350)+2\times(11.9\times d)-(3\times 1.75)\times d$	28	28	1.748	48.944	19.32
构件名称:KZ1				构件数量:2		本构件钢筋重:78.007 kg			
柱低位纵筋	Φ	20	240 3 058	$3\,600-517-500+500-25+12\times d-(1\times 2.29)\times d$	4	8	3.252	26.016	64.256

续表

楼层名称:第 3 层									钢筋总重:1 031.616 kg
构件名称:KZ1				构件数量:2		本构件钢筋重:78.007 kg			
筋号	级别	直径/mm	钢筋图形	计算公式	根数	总根数	单长/m	总长/m	总重/kg
柱高位纵筋	$\underline{\Phi}$	20	240 2 358	3 600－1 217－500＋500－25＋12×d－(1×2.29)×d	3	6	2.552	15.312	37.818
柱高位纵筋	$\underline{\Phi}$	20	785 2 358	3 600－1 217－500＋1.5×42×d－(1×2.29)×d	1	2	3.097	6.194	15.3
箍筋	Φ	8	350 450	2×(450＋350)＋2×(11.9×d)－(3×1.75)×d	28	56	1.748	97.888	38.64
构件名称:KZ1a				构件数量:2		本构件钢筋重:78.007 kg			
柱低位纵筋	$\underline{\Phi}$	20	240 3 058	3 600－517－500＋500－25＋12×d－(1×2.29)×d	4	8	3.252	26.016	64.256
柱高位纵筋	$\underline{\Phi}$	20	240 2 358	3 600－1 217－500＋500－25＋12×d－(1×2.29)×d	3	6	2.552	15.312	37.818
柱高位纵筋	$\underline{\Phi}$	20	785 2 358	3 600－1 217－500＋1.5×42×d－(1×2.29)×d	1	2	3.097	6.194	15.3
箍筋	Φ	8	350 450	2×(450＋350)＋2×(11.9×d)－(3×1.75)×d	28	56	1.748	97.888	38.64
构件名称:KZ1a				构件数量:3		本构件钢筋重:76.66 kg			
柱低位纵筋	$\underline{\Phi}$	20	240 3 058	3 600－517－500＋500－25＋12×d－(1×2.29)×d	4	12	3.252	39.024	96.384
柱高位纵筋	$\underline{\Phi}$	20	240 2 358	3 600－1 217－500＋500－25＋12×d－(1×2.29)×d	4	12	2.552	30.624	75.636
箍筋	Φ	8	350 450	2×(450＋350)＋2×(11.9×d)－(3×1.75)×d	28	84	1.748	146.832	57.96
构件名称:KZ3				构件数量:1		本构件钢筋重:66.008 kg			
柱低位纵筋	$\underline{\Phi}$	18	216 3 058	3 600－517－500＋500－25＋12×d－(1×2.29)×d	4	4	3.233	12.932	25.864
柱高位纵筋	$\underline{\Phi}$	18	216 2 428	3 600－1 147－500＋500－25＋12×d－(1×2.29)×d	4	4	2.603	10.412	20.824

续表

楼层名称:第3层　　钢筋总重:1 031.616 kg

构件名称:KZ3　　构件数量:1　　本构件钢筋重:66.008 kg

筋号	级别	直径/mm	钢筋图形	计算公式	根数	总根数	单长/m	总长/m	总重/kg
箍筋	Φ	8	350 450	2×(450+350)+2×(11.9×d)−(3×1.75)×d	28	28	1.748	48.944	19.32

构件名称:KZ2　　构件数量:2　　本构件钢筋重:53.092 kg

筋号	级别	直径/mm	钢筋图形	计算公式	根数	总根数	单长/m	总长/m	总重/kg
柱低位纵筋	Φ	16	192 3 058	3 600−517−500+500−25+12×d−(1×2.29)×d	4	8	3.213	25.704	40.616
柱高位纵筋	Φ	16	192 2 498	3 600−1 077−500+500−25+12×d−(1×2.29)×d	4	8	2.653	21.224	33.536
箍筋	Φ	8	300 350	2×(350+300)+2×(11.9×d)−(3×1.75)×d	28	56	1.448	81.088	32.032

基础梁钢筋抽料表

工程名称:广州某办公楼

楼层名称:基础层

构件名称:JKL1(3)　　构件数量:1　　本构件钢筋重:145.37 kg

筋号	级别	直径/mm	钢筋图形	计算公式	根数	总根数	单长/m	总长/m	总重/kg
上部通长筋	Φ	20	300 8 950 300	400−25+15×d+8 200+400−25+15×d−(2×2.29)×d	2	2	9.458	18.916	46.722
侧面构造钢筋	Φ	12	8 560	15×d+8 200+15×d	2	2	8.56	17.12	15.202
1跨下部钢筋	Φ	18	270 4 331	400−25+15×d+3 200+42×d−(1×2.29)×d	2	2	4.56	9.12	18.24
2跨下部钢筋	Φ	18	3 937	42×d+2 425+42×d	2	2	3.937	7.874	15.748
3跨下部钢筋	Φ	18	270 2 956	42×d+1 825+400−25+15×d−(1×2.29)×d	2	2	3.185	6.37	12.74
箍筋	Φ	8	450 200	2×[(250−2×25)+(500−2×25)]+2×(11.9×d)−(3×1.75)×d	61	61	1.448	88.328	34.892

续表

楼层名称：基础层

构件名称：JKL1(3)　　构件数量：1　　本构件钢筋重：145.37 kg

筋号	级别	直径/mm	钢筋图形	计算公式	根数	总根数	单长/m	总长/m	总重/kg
拉筋	ф	6	200	(250－2×25)＋2×(75＋1.9×d)	22	22	0.373	8.206	1.826

构件名称：JKL2(1)　　构件数量：1　　本构件钢筋重：272.805 kg

筋号	级别	直径/mm	钢筋图形	计算公式	根数	总根数	单长/m	总长/m	总重/kg
上部通长筋	ф	20	300 7 000 300	250－25＋15×d＋6 300＋500－25＋15×d－(2×2.29)×d	4	4	7.508	30.032	74.18
侧面构造钢筋	ф	14	6 720	15×d＋6 300＋15×d	4	4	6.72	26.88	32.524
下部钢筋	ф	25	375 7 000 375	250－25＋15×d＋6 300＋500－25＋15×d－(2×2.29)×d	4	4	7.635	30.54	117.58
箍筋	ф	10	650 250	2×[(300－2×25)＋(700－2×25)]＋2×(11.9×d)－(3×1.75)×d	37	37	1.985	73.445	45.325
拉筋	ф	6	250	(300－2×25)＋2×(75＋1.9×d)	34	34	0.423	14.382	3.196

构件名称：JKL3(4)　　构件数量：1　　本构件钢筋重：334.894 kg

筋号	级别	直径/mm	钢筋图形	计算公式	根数	总根数	单长/m	总长/m	总重/kg
上部通长筋	ф	20	300 15 750 300	400－25＋15×d＋14 900＋500－25＋15×d－(2×2.29)×d	2	2	16.258	32.516	80.314
1跨左支座负筋	ф	18	270 1 442	400－25＋15×d＋3 200/3－(1×2.29)×d	1	1	1.671	1.671	3.342
侧面构造钢筋	ф	12	8 560	15×d＋8 200＋15×d	2	2	8.56	17.12	15.202
1跨下部钢筋	ф	18	270 4 331	400－25＋15×d＋3 200＋42×d－(1×2.29)×d	2	2	4.56	9.12	18.24
2跨下部钢筋	ф	16	3 769	42×d＋2 425＋42×d	2	2	3.769	7.538	11.91
3跨支座钢筋	ф	16	4 997	42×d＋1 825＋400＋6 300/3	2	2	4.997	9.994	15.79
3跨下部钢筋	ф	16	3 169	42×d＋1 825＋42×d	2	2	3.169	6.338	10.014
4跨侧面构造钢筋	ф	14	6 720	15×d＋6 300＋15×d	4	4	6.72	26.88	32.524

续表

楼层名称：基础层

构件名称：JKL3(4)　　构件数量：1　　本构件钢筋重：334.894 kg

筋号	级别	直径/mm	钢筋图形	计算公式	根数	总根数	单长/m	总长/m	总重/kg
4跨下部钢筋	⌀	25	375 7 150 375	400−25+15×*d*+6 300+500−25+15×*d*−(2×2.29)×*d*	2	2	7.785	15.57	59.944
吊筋	⌀	14	280 45° 280 450	180+2×50+2×20×*d*+2×1.414×(500−2×25)−(2×0.67)×*d*	2	2	2.094	4.188	5.068
箍筋	Φ	8	450 200	2×[(250−2×25)+(500−2×25)]+2×(11.9×*d*)−(3×1.75)×*d*	67	67	1.448	97.016	38.324
拉筋	Φ	6	200	(250−2×25)+2×(75+1.9×*d*)	22	22	0.373	8.206	1.826
箍筋	Φ	10	650 250	2×[(300−2×25)+(700−2×25)]+2×(11.9×*d*)−(3×1.75)×*d*	32	32	1.985	63.52	39.2
拉筋	Φ	6	250	(300−2×25)+2×(75+1.9×*d*)	34	34	0.423	14.382	3.196

构件名称：JKL4(3)　　构件数量：1　　本构件钢筋重：367.877 kg

筋号	级别	直径/mm	钢筋图形	计算公式	根数	总根数	单长/m	总长/m	总重/kg
上部通长筋	⌀	18	270 15 750 270	400−25+15×*d*+14 900+500−25+15×*d*−(2×2.29)×*d*	2	2	16.208	32.416	64.832
1跨左支座负筋	⌀	18	270 1 442	400−25+15×*d*+3 200/3−(1×2.29)×*d*	1	1	1.671	1.671	3.342
1跨右支座筋	⌀	18	3 466	4 600/3+400+4 600/3	1	1	3.466	3.466	6.932
1、2跨侧面构造钢筋	⌀	12	8 560	15×*d*+8 200+15×*d*	2	2	8.56	17.12	15.202
1跨下部钢筋	⌀	20	300 4 415	400−25+15×*d*+3 200+42×*d*−(1×2.29)×*d*	2	2	4.669	9.338	23.064
中间支座负筋	⌀	16	4 600	6 300/3+400+6 300/3	2	2	4.6	9.2	14.536
2跨下部钢筋	⌀	20	6 280	42×*d*+4 600+42×*d*	2	2	6.28	12.56	31.024
3跨侧面构造钢筋	⌀	14	6 720	15×*d*+6 300+15×*d*	4	4	6.72	26.88	32.524

续表

楼层名称:基础层									
构件名称:JKL4(3)				构件数量:1		本构件钢筋重:367.877 kg			
筋号	级别	直径/mm	钢筋图形	计算公式	根数	总根数	单长/m	总长/m	总重/kg
3跨下部钢筋	Ф	25	375 7 150 375	400−25+15×d+6 300+500−25+15×d−(2×2.29)×d	2	2	7.785	15.57	59.944
箍筋	Φ	8	450 200	2×[(250−2×25)+(500−2×25)]+2×(11.9×d)−(3×1.75)×d	55	55	1.448	79.64	31.46
拉筋	Φ	6	200	(250−2×25)+2×(75+1.9×d)	22	22	0.373	8.206	1.826
箍筋	Φ	10	650 250	2×[(300−2×25)+(700−2×25)]+2×(11.9×d)−(3×1.75)×d	63	63	1.985	125.055	77.175
拉筋	Φ	6	250	(300−2×25)+2×(75+1.9×d)	64	64	0.423	27.072	6.016
构件名称:JKL5(2)				构件数量:1		本构件钢筋重:246.238 kg			
上部通长筋	Ф	20	300 11 950 300	500−25+15×d+11 000+500−25+15×d−(2×2.29)×d	2	2	12.458	24.916	61.542
侧面构造钢筋	Ф	14	11 420	15×d+11 000+15×d	2	2	11.42	22.84	27.636
下部通长筋	Ф	25	375 11 950 375	500−25+15×d+11 000+500−25+15×d−(2×2.29)×d	2	2	12.585	25.17	96.904
箍筋	Φ	8	550 200	2×[(250−2×25)+(600−2×25)]+2×(11.9×d)−(3×1.75)×d	80	80	1.648	131.84	52.08
拉筋	Φ	6	200	(250−2×25)+2×(75+1.9×d)	28	28	0.373	10.444	2.324
吊筋	Ф	14	280 45° 280 550	180+2×50+2×20×d+2×1.414×(600−2×25)−(2×0.67)×d	2	2	2.377	4.754	5.752
构件名称:JKL6(2)				构件数量:1		本构件钢筋重:360.164 kg			
上部通长筋	Ф	20	300 11 950 300	500−25+15×d+11 000+500−25+15×d−(2×2.29)×d	2	2	12.458	24.916	61.542
左支座负筋	Ф	20	300 2 225	500−25+15×d+5 250/3−(1×2.29)×d	4	4	2.479	9.916	24.492

续表

楼层名称：基础层

构件名称：JKL6(2)				构件数量：1		本构件钢筋重：360.164 kg			
筋号	级别	直径/mm	钢筋图形	计算公式	根数	总根数	单长/m	总长/m	总重/kg
中间支座负筋	Ф	22	4 000	$5\,250/3+500+5\,250/3$	2	2	4	8	23.84
右支座负筋	Ф	22	3 126	$5\,250/4+500+5\,250/4$	2	2	3.126	6.252	18.63
侧面构造钢筋	Ф	14	11 420	$15\times d+11\,000+15\times d$	2	2	11.42	22.84	27.636
1跨下部钢筋	Ф	22	330 6 649	$500-25+15\times d+5\,250+42\times d-(1\times 2.29)\times d$	3	3	6.929	20.787	61.944
2跨下部钢筋	Ф	25	375 6 775	$42\times d+5\,250+500-25+15\times d-(1\times 2.29)\times d$	3	3	7.093	21.279	81.924
箍筋	Φ	8	550 200	$2\times[(250-2\times 25)+(600-2\times 25)]+2\times(11.9\times d)-(3\times 1.75)\times d$	80	80	1.648	131.84	52.08
拉筋	Φ	6	200	$(250-2\times 25)+2\times(75+1.9\times d)$	28	28	0.373	10.444	2.324
吊筋	Ф	14	280 45° 280 550	$180+2\times 50+2\times 20\times d+2\times 1.414\times(600-2\times 25)-(2\times 0.67)\times d$	2	2	2.377	4.754	5.752

构件名称：JKL7(1)				构件数量：1		本构件钢筋重：141.358 kg			
上部通长筋	Ф	20	300 6 150 300	$400-25+15\times d+5\,400+400-25+15\times d-(2\times 2.29)\times d$	2	2	6.658	13.316	32.89
左支座负筋	Ф	20	300 2 175	$400-25+15\times d+5\,400/3-(1\times 2.29)\times d$	2	2	2.429	4.858	12
右支座负筋	Ф	18	270 2 175	$5\,400/3+400-25+15\times d-(1\times 2.29)\times d$	1	1	2.404	2.404	4.808
侧面构造钢筋	Ф	14	5 820	$15\times d+5\,400+15\times d$	2	2	5.82	11.64	14.084
下部钢筋	Ф	25	375 6 150 375	$400-25+15\times d+5\,400+400-25+15\times d-(2\times 2.29)\times d$	2	2	6.785	13.57	52.244
箍筋	Φ	8	550 200	$2\times[(250-2\times 25)+(600-2\times 25)]+2\times(11.9\times d)-(3\times 1.75)\times d$	37	37	1.648	60.976	24.087
拉筋	Φ	6	200	$(250-2\times 25)+2\times(75+1.9\times d)$	15	15	0.373	5.595	1.245

续表

楼层名称:基础层

构件名称:JKL8(2)　　构件数量:1　　本构件钢筋重:354.718 kg

筋号	级别	直径/mm	钢筋图形	计算公式	根数	总根数	单长/m	总长/m	总重/kg
上部通长筋	⌀	20	300 11 950 300	500－25＋15×d＋11 000＋500－25＋15×d－(2×2.29)×d	2	2	12.458	24.916	61.542
左支座负筋	⌀	18	270 2 225	500－25＋15×d＋5 250/3－(1×2.29)×d	4	4	2.454	9.816	19.632
中间支座负筋	⌀	20	4 000	5 250/3＋500＋5 250/3	2	2	4	8	19.76
侧面受扭钢筋	⌀	14	210 11 950 210	500－25＋15×d＋11 000＋500－25＋15×d－(2×2.29)×d	2	2	12.306	24.612	29.78
下部钢筋	⌀	25	375 6 775	500－25＋15×d＋5 250＋42×d－(1×2.29)×d	6	6	7.093	42.558	163.848
箍筋	⌀	8	550 200	2×[(250－2×25)＋(600－2×25)]＋2×(11.9×d)－(3×1.75)×d	80	80	1.648	131.84	52.08
拉筋	⌀	6	200	(250－2×25)＋2×(75＋1.9×d)	28	28	0.373	10.444	2.324
吊筋	⌀	14	280 45° 280 550	180＋2×50＋2×20×d＋2×1.414×(600－2×25)－(2×0.67)×d	2	2	2.377	4.754	5.752

构件名称:JKL9(2)　　构件数量:1　　本构件钢筋重:218.109 kg

筋号	级别	直径/mm	钢筋图形	计算公式	根数	总根数	单长/m	总长/m	总重/kg
上部通长筋	⌀	20	300 10 450 300	400－25＋15×d＋9 700＋400－25＋15×d－(2×2.29)×d	2	2	10.958	21.916	54.132
左支座负筋	⌀	16	240 1 675	400－25＋15×d＋3 900/3－(1×2.29)×d	2	2	1.878	3.756	5.934
中间支座负筋	⌀	16	4 000	5 400/3＋400＋5 400/3	2	2	4	8	12.64
侧面构造钢筋	⌀	12	10 060	15×d＋9 700＋15×d	2	2	10.06	20.12	17.866
1跨下部钢筋	⌀	22	330 5 199	400－25＋15×d＋3 900＋42×d－(1×2.29)×d	2	2	5.479	10.958	32.654
右支座负筋	⌀	16	240 2 175	5 400/3＋400－25＋15×d－(1×2.29)×d	2	2	2.378	4.756	7.514
2跨下部钢筋	⌀	22	330 6 699	42×d＋5 400＋400－25＋15×d－(1×2.29)×d	2	2	6.979	13.958	41.594

续表

楼层名称：基础层

构件名称：JKL9(2)　　构件数量：1　　本构件钢筋重：218.109 kg

筋号	级别	直径/mm	钢筋图形	计算公式	根数	总根数	单长/m	总长/m	总重/kg
箍筋	Φ	8	550 200	2×[(250−2×25)+(600−2×25)]+2×(11.9×*d*)−(3×1.75)×*d*	67	67	1.648	110.416	43.617
拉筋	Φ	6	200	(250−2×25)+2×(75+1.9×*d*)	26	26	0.373	9.698	2.158

构件名称：L1(1)　　构件数量：1　　本构件钢筋重：12.804 kg

筋号	级别	直径/mm	钢筋图形	计算公式	根数	总根数	单长/m	总长/m	总重/kg
上部通长筋	Φ	12	180 2 265 180	250−25+15×*d*+1 885+180−25+15×*d*−(2×2.29)×*d*	2	2	2.57	5.14	4.564
下部钢筋	Φ	12	2 173	12×*d*+1 885+12×*d*	2	2	2.173	4.346	3.86
箍筋	Φ	8	350 130	2×[(180−2×25)+(400−2×25)]+2×(11.9×*d*)−(3×1.75)×*d*	10	10	1.108	11.08	4.38

构件名称：L2(2)　　构件数量：1　　本构件钢筋重：137.644 kg

筋号	级别	直径/mm	钢筋图形	计算公式	根数	总根数	单长/m	总长/m	总重/kg
1跨架立筋	Φ	12	L	3 425−3 425/5−4 825/3+2×150	2	2	1.432	2.864	2.544
2跨架立筋	Φ	12	L	4 825−4 825/3−4 825/5+2×150	2	2	2.552	5.104	4.532
左支座负筋	Φ	12	180 2 714	250−25+15×*d*+3 425/5−(1×2.29)×*d*	2	2	1.063	2.126	1.888
中间支座负筋	Φ	22	3 466	4 825/3+250+4 825/3	3	3	3.466	10.398	30.987
1跨下部钢筋	Φ	20	100 3 961 135° 弯钩锚固端	250−25+2.89×*d*+5×*d*+3 425+12×*d*	2	2	4.048	8.095	19.98
右支座负筋	Φ	12	H L	250−25+15×*d*+4 825/5−(1×2.29)×*d*	2	2	1.343	2.686	2.386
2跨下部钢筋	Φ	25	125 5 439 135° 弯钩锚固端	12×*d*+4 825+250−25+2.89×*d*+5×*d*	2	2	5.547	11.095	42.783
吊筋	Φ	14	280 45° 280 350	180+2×50+2×20×*d*+2×1.414×(400−2×25)−(2×0.67)×*d*	2	2	1.811	3.622	4.382
箍筋	Φ	8	350 130	2×[(180−2×25)+(400−2×25)]+2×(11.9×*d*)−(3×1.75)×*d*	24	24	1.108	26.592	10.512
箍筋	Φ	10	350 130	2×[(180−2×25)+(400−2×25)]+2×(11.9×*d*)−(3×1.75)×*d*	25	25	1.145	28.625	17.65

首层梁、二层梁钢筋抽料表

工程名称:广州某办公楼

楼层名称:首层

构件名称:KL1(4)　　　　构件数量:1　　　　本构件钢筋重:369.954 kg

筋号	级别	直径/mm	钢筋图形	计算公式	根数	总根数	单长/m	总长/m	总重/kg
上部通长筋	Φ	20	270 | 15 750 | 270	400－25＋15×d＋15 150＋250－25＋15×d－(2×2.29)×d	2	2	16.258	32.516	80.314
左支座负筋	Φ	18	270 | 1 442	400－25＋15×d＋3 200/3－(1×2.29)×d	1	1	1.671	1.671	3.342
侧面构造钢筋	Φ	12	8 560	15×d＋8 200＋15×d	2	2	8.56	17.12	15.202
1跨下部钢筋	Φ	18	270 | 4 331	400－25＋15×d＋3 200＋42×d－(1×2.29)×d	2	2	4.56	9.12	18.24
2跨下部钢筋	Φ	18	3 937	42×d＋2 425＋42×d	2	2	3.937	7.874	15.748
中间支座负筋	Φ	18	5 164	42×d＋1 825＋400＋6 550/3	2	2	5.164	10.328	20.656
中间支座负筋	Φ	18	3 676	6 550/4＋400＋6 550/4	2	2	3.676	7.352	14.704
3跨下部钢筋	Φ	18	3 337	42×d＋1 825＋42×d	2	2	3.337	6.674	13.348
4跨侧面构造钢筋	Φ	14	6 970	15×d＋6 550＋15×d	2	2	6.97	13.94	16.868
4跨下部钢筋	Φ	22	330 | 7 699	42×d＋6 550＋250－25＋15×d－(1×2.29)×d	4	4	7.979	31.916	95.108
吊筋	Φ	14	280 45° 280 450	180＋2×50＋2×20×d＋2×1.414×(500－2×25)－(2×0.67)×d	2	2	2.094	4.188	5.068
箍筋	φ	8	450 200	2×[(250－2×25)＋(500－2×25)]＋2×(11.9×d)－(3×1.75)×d	110	110	1.448	159.28	62.92
拉筋	φ	6	200	(250－2×25)＋2×(75＋1.9×d)	40	40	0.373	14.92	3.32
吊筋	Φ	14	280 45° 300 450	200＋2×50＋2×20×d＋2×1.414×(500－2×25)－(2×0.67)×d	2	2	2.114	4.228	5.116

续表

楼层名称:首层

构件名称:KL2(4)　　构件数量:1　　本构件钢筋重:369.025 kg

筋号	级别	直径/mm	钢筋图形	计算公式	根数	总根数	单长/m	总长/m	总重/kg
上部通长筋	⌀	20	300 15 750 300	400－25＋15×d＋14 900＋500－25＋15×d－(2×2.29)×d	2	2	16.258	32.516	80.314
左支座负筋	⌀	18	270 1 442	400－25＋15×d＋3 200/3－(1×2.29)×d	1	1	1.671	1.671	3.342
侧面构造钢筋	⌀	12	8 560	15×d＋8 200＋15×d	2	2	8.56	17.12	15.202
1跨下部钢筋	⌀	18	270 4 331	400－25＋15×d＋3 200＋42×d－(1×2.29)×d	2	2	4.56	9.12	18.24
2跨下部钢筋	⌀	16	3 769	42×d＋2 425＋42×d	2	2	3.769	7.538	11.91
中间支座负筋	⌀	16	4 997	42×d＋1 825＋400＋6 300/3	2	2	4.997	9.994	15.79
3跨下部钢筋	⌀	16	3 169	42×d＋1 825＋42×d	2	2	3.169	6.338	10.014
右支座负筋	⌀	20	300 2 575	6 300/3＋500－25＋15×d－(1×2.29)×d	2	2	2.829	5.658	13.976
右支座负筋	⌀	20	300 2 050	6 300/4＋500－25＋15×d－(1×2.29)×d	2	2	2.304	4.608	11.382
4跨侧面构造钢筋	⌀	14	6 720	15×d＋6 300＋15×d	2	2	6.72	13.44	16.262
4跨下部钢筋	⌀	22	330 7 699	42×d＋6 300＋500－25＋15×d－(1×2.29)×d	4	4	7.979	31.916	95.108
吊筋	⌀	14	280 45° 280 450	180＋2×50＋2×20×d＋2×1.414×(500－2×25)－(2×0.67)×d	2	2	2.094	4.188	5.068
箍筋	φ	8	450 200	2×[(250－2×25)＋(500－2×25)]＋2×(11.9×d)－(3×1.75)×d	112	112	1.448	162.176	64.064
拉筋	φ	6	200	(250－2×25)＋2×(75＋1.9×d)	39	39	0.373	14.547	3.237
吊筋	⌀	14	280 45° 300 450	200＋2×50＋2×20×d＋2×1.414×(500－2×25)－(2×0.67)×d	2	2	2.114	4.228	5.116

续表

楼层名称:首层

构件名称:KL3(3)				构件数量:1		本构件钢筋重:331.082 kg			
筋号	级别	直径/mm	钢筋图形	计算公式	根数	总根数	单长/m	总长/m	总重/kg
上部通长筋	⌀	18	270 ⌊ 15 750 ⌋ 270	400−25+15×d+14 900+500−25+15×d−(2×2.29)×d	2	2	16.208	32.416	64.832
左支座负筋	⌀	18	270 ⌊ 1 442	400−25+15×d+3 200/3−(1×2.29)×d	1	1	1.671	1.671	3.342
中间支座负筋	⌀	18	3 466	4 600/3+400+4 600/3	1	1	3.466	3.466	6.932
1跨侧面构造钢筋	⌀	12	8 560	15×d+8 200+15×d	2	2	8.56	17.12	15.202
1跨下部钢筋	⌀	20	300 ⌊ 4 415	400−25+15×d+3 200+42×d−(1×2.29)×d	2	2	4.669	9.338	23.064
中间支座负筋	⌀	16	4 600	6 300/3+400+6 300/3	2	2	4.6	9.2	14.536
2跨下部钢筋	⌀	20	6 280	42×d+4 600+42×d	2	2	6.28	12.56	31.024
右支座负筋	⌀	22	330 ⌊ 2 575	6 300/3+500−25+15×d−(1×2.29)×d	2	2	2.855	5.71	17.016
3跨侧面受扭钢筋	⌀	14	210 ⌊ 7 363	42×d+6 300+500−25+15×d−(1×2.29)×d	2	2	7.541	15.082	18.25
3跨下部钢筋	⌀	22	330 ⌊ 7 699	42×d+6 300+500−25+15×d−(1×2.29)×d	3	3	7.979	23.937	71.331
箍筋	Φ	8	450 [200]	2×[(250−2×25)+(500−2×25)]+2×(11.9×d)−(3×1.75)×d	100	100	1.448	144.8	57.2
拉筋	Φ	6	200	(250−2×25)+2×(75+1.9×d)	39	39	0.373	14.547	3.237
吊筋	⌀	14	280 45° 300 450	200+2×50+2×20×d+2×1.414×(500−2×25)−(2×0.67)×d	2	2	2.114	4.228	5.116
构件名称:KL4(2A)				构件数量:1		本构件钢筋重:307.096 kg			
上部通长筋	⌀	20	300 ⌊ 13 450 ⌋ 240	500−25+15×d+13 000+240−25−(2×2.29)×d	2	2	13.898	27.796	68.656

续表

楼层名称：首层

构件名称：KL4(2A)　　构件数量：1　　本构件钢筋重：307.096 kg

筋号	级别	直径/mm	钢筋图形	计算公式	根数	总根数	单长/m	总长/m	总重/kg
悬挑端跨中筋	Φ	18	350 180 3 170 45°	500＋5 250/3＋1 500＋(400－25×2)×(1.414－1)－25－(1×0.67)×d	2	2	3.858	7.716	15.432
侧面构造钢筋	Φ	14	13 185	15×d＋13 000－25	2	2	13.185	26.37	31.908
悬挑端下部钢筋	Φ	14	1 685	15×d＋1 500－25	2	2	1.685	3.37	4.078
左支座负筋	Φ	18	2 069	42×d＋5 250/4	2	2	2.069	4.138	8.276
中间支座负筋	Φ	18	4 000	5 250/3＋500＋5 250/3	2	2	4	8	16
中间支座负筋	Φ	18	3 126	5 250/4＋500＋5 250/4	2	2	3.126	6.252	12.504
下部钢筋	Φ	20	300 6 565	500－25＋15×d＋5 250＋42×d－(1×2.29)×d	5	5	6.819	34.095	84.215
右支座负筋	Φ	16	240 2 225	5 250/3＋500－25＋15×d－(1×2.29)×d	2	2	2.428	4.856	7.672
箍筋	Φ	8	350 200	2×[(250－2×25)＋(400－2×25)]＋2×(11.9×d)－[(3×1.75)×d]	16	16	1.248	19.968	7.888
拉筋	Φ	6	200	(250－2×25)＋2×(75＋1.9×d)	37	37	0.373	13.801	3.071
箍筋	Φ	8	450 200	2×[(250－2×25)＋(500－2×25)]＋2×(11.9×d)－(3×1.75)×d	74	74	1.448	107.152	42.328
吊筋	Φ	14	280 45° 280 450	180＋2×50＋2×20×d＋2×1.414×(500－2×25)－(2×0.67)×d	2	2	2.094	4.188	5.068

构件名称：KL5(2A)　　构件数量：1　　本构件钢筋重：403.249 kg

筋号	级别	直径/mm	钢筋图形	计算公式	根数	总根数	单长/m	总长/m	总重/kg
上部通长筋	Φ	20	300 13 450 240	500－25＋15×d＋13 000＋240－25－(2×2.29)×d	2	2	13.898	27.796	68.656
悬挑端跨中筋	Φ	20	350 200 3 150 45°	500＋5 250/3＋1 500＋(400－25×2)×(1.414－1)－25－(1×0.67)×d	2	2	3.857	7.714	19.054
侧面构造钢筋	Φ	14	13 185	15×d＋13 000－25	2	2	13.185	26.37	31.908

续表

楼层名称：首层

筋号	级别	直径/mm	钢筋图形	计算公式	根数	总根数	单长/m	总长/m	总重/kg
构件名称：KL5(2A)				构件数量：1	本构件钢筋重：403.249 kg				
悬挑端下部钢筋	Φ	16	1 715	15×*d*+1 500−25	2	2	1.715	3.43	5.42
左支座负筋	Φ	20	2 153	42×*d*+5 250/4	4	4	2.153	8.612	21.272
中间支座负筋	Φ	22	4 000	5 250/3+500+5 250/3	2	2	4	8	23.84
中间支座负筋	Φ	22	3 126	5 250/4+500+5 250/4	2	2	3.126	6.252	18.63
下部钢筋	Φ	22	330 6 649	500−25+15×*d*+5 250+42×*d*−(1×2.29)×*d*	3	3	6.929	20.787	61.944
右支座负筋	Φ	20	300 2 225	5 250/3+500−25+15×*d*−(1×2.29)×*d*	2	2	2.479	4.958	12.246
下部钢筋	Φ	25	375 6 775	42×*d*+5 250+500−25+15×*d*−(1×2.29)×*d*	3	3	7.093	21.279	81.924
箍筋	φ	8	350 200	2×[(250−2×25)+(400−2×25)]+2×(11.9×*d*)−(3×1.75)×*d*	16	16	1.248	19.968	7.888
拉筋	φ	6	200	(250−2×25)+2×(75+1.9×*d*)	37	37	0.373	13.801	3.071
箍筋	φ	8	450 200	2×[(250−2×25)+(500−2×25)]+2×(11.9×*d*)−(3×1.75)×*d*	74	74	1.448	107.152	42.328
吊筋	Φ	14	280 45° 280 450	180+2×50+2×20×*d*+2×1.414×(500−2×25)−(2×0.67)×*d*	2	2	2.094	4.188	5.068
构件名称：KL6(1A)				构件数量：1	本构件钢筋重：204.894 kg				
上部通长筋	Φ	20	300 7 650 240	400−25+15×*d*+7 300+240−25−[(2×2.29)×*d*]	2	2	8.098	16.196	40.004
悬挑端跨中筋	Φ	20	350 200 45° 3 100	400+5 400/3+1 500+(400−25×2)×(1.414−1)−25−(1×0.67)×*d*	2	2	3.807	7.614	18.806
侧面构造钢筋	Φ	14	7 485	15×*d*+7 300−25	2	2	7.485	14.97	18.114
悬挑端下部钢筋	Φ	14	1 685	15×*d*+1 500−25	2	2	1.685	3.37	4.078

续表

楼层名称:首层									
构件名称:KL6(1A)				构件数量:1	本构件钢筋重:204.894 kg				
筋号	级别	直径/mm	钢筋图形	计算公式	根数	总根数	单长/m	总长/m	总重/kg
左支座负筋	Φ	20	2 190	42×d+5 400/4	2	2	2.19	4.38	10.818
右支座负筋	Φ	18	270 2 175	5 400/3+400−25+15×d−(1×2.29)×d	1	1	2.404	2.404	4.808
下部钢筋	Φ	25	375 6 150 375	400−25+15×d+5 400+400−25+15×d−(2×2.29)×d	3	3	6.785	20.355	78.366
箍筋	φ	8	350 200	2×[(250−2×25)+(400−2×25)]+2×(11.9×d)−(3×1.75)×d	16	16	1.248	19.968	7.888
拉筋	φ	6	200	(250−2×25)+2×(75+1.9×d)	24	24	0.373	8.952	1.992
箍筋	φ	8	450 200	2×[(250−2×25)+(500−2×25)]+2×(11.9×d)−(3×1.75)×d	35	35	1.448	50.68	20.02
构件名称:KL7(2A)				构件数量:1	本构件钢筋重:395.429 kg				
上部通长筋	Φ	20	300 13 450 240	500−25+15×d+13 000+240−25−(2×2.29)×d	2	2	13.898	27.796	68.656
悬挑端跨中筋	Φ	18	350 180 3 170 45°	500+5 250/3+1 500+(400−25×2)×(1.414−1)−25−(1×0.67)×d	1	1	3.858	3.858	7.716
侧面受扭钢筋	Φ	14	210 13 450	500−25+15×d+13 000−25−(1×2.29)×d	2	2	13.628	27.256	32.98
悬挑端下部钢筋	Φ	14	1 685	15×d+1 500−25	2	2	1.685	3.37	4.078
左支座负筋	Φ	18	2 506	42×d+5 250/3	1	1	2.506	2.506	5.012
左支座负筋	Φ	18	2 069	42×d+5 250/4	2	2	2.069	4.138	8.276
中间支座负筋	Φ	20	4 000	5 250/3+500+5 250/3	2	2	4	8	19.76
中间支座负筋	Φ	20	3 126	5 250/4+500+5 250/4	3	3	3.126	9.378	23.163
1跨下部钢筋	Φ	20	300 6 565	500−25+15×d+5 250+42×d−(1×2.29)×d	3	3	6.819	20.457	50.529

续表

楼层名称：首层

构件名称：KL7(2A)　　构件数量：1　　本构件钢筋重：395.429 kg

筋号	级别	直径/mm	钢筋图形	计算公式	根数	总根数	单长/m	总长/m	总重/kg
右支座负筋	Ф	18	270 2 225	5 250/3＋500－25＋15×d－(1×2.29)×d	2	2	2.454	4.908	9.816
右支座负筋	Ф	18	270 1 780	5 250/4＋500－25＋15×d－(1×2.29)×d	2	2	2.017	4.034	8.068
下部钢筋	Ф	25	375 6 775	42×d＋5 250＋500－25＋15×d－(1×2.29)×d	3	3	7.093	21.279	81.924
箍筋	Φ	8	350 200	2×[(250－2×25)＋(400－2×25)]＋2×(11.9×d)－(3×1.75)×d	16	16	1.248	19.968	7.888
拉筋	Φ	6	200	(250－2×25)＋2×(75＋1.9×d)	37	37	0.373	13.801	3.071
吊筋	Ф	14	280 45° 300 450	200＋2×50＋2×20×d＋2×1.414×(500－2×25)－(2×0.67)×d	4	4	2.114	8.456	10.232
箍筋	Φ	8	450 200	2×[(250－2×25)＋(500－2×25)]＋2×(11.9×d)－(3×1.75)×d	86	86	1.448	124.528	49.192
吊筋	Ф	14	280 45° 280 450	180＋2×50＋2×20×d＋2×1.414×(500－2×25)－(2×0.67)×d	2	2	2.094	4.188	5.068

构件名称：KL8(2A)　　构件数量：1　　本构件钢筋重：272.472 kg

筋号	级别	直径/mm	钢筋图形	计算公式	根数	总根数	单长/m	总长/m	总重/kg
上部通长筋	Ф	20	300 11 950 240	400－25＋15×d＋11 600＋12×d－25－(2×2.29)×d	2	2	12.398	24.796	61.246
悬挑端跨中筋	Ф	16	450 160 45° 2 415	400＋3 900/3＋1 500＋(500－25×2)×(1.414－1)－25－(1×0.67)×d	2	2	3.35	6.7	10.586
侧面受扭钢筋	Ф	14	210 11 950	400－25＋210＋11 600－25－(1×2.29)×d	2	2	12.128	24.256	29.35
悬挑端下部钢筋	Ф	14	1 685	15×d＋1 500－25	2	2	1.685	3.37	4.078
左支座负筋	Ф	16	1 647	42×d＋3 900/4	2	2	1.647	3.294	5.204
中间支座负筋	Ф	16	4 000	5 400/3＋400＋5 400/3	2	2	4	8	12.64
下部钢筋	Ф	20	5 580	42×d＋3 900＋42×d	2	2	5.58	11.16	27.566

续表

楼层名称：首层									
构件名称：KL8(2A)				构件数量：1	本构件钢筋重：272.472 kg				
筋号	级别	直径/mm	钢筋图形	计算公式	根数	总根数	单长/m	总长/m	总重/kg
右支座负筋	Φ̲	16	240 2 175	5 400/3＋400－25＋15×*d*－[(1×2.29)×*d*]	2	2	2.378	4.756	7.514
下部钢筋	Φ̲	20	300 6 615	42×*d*＋5 400＋400－25＋15×*d*－[(1×2.29)×*d*]	3	3	6.869	20.607	50.898
箍筋	Φ	8	450 200	2×[(250－2×25)＋(500－2×25)]＋2×(11.9×*d*)－(3×1.75)×*d*	88	88	1.448	127.424	50.336
拉筋	Φ	6	200	(250－2×25)＋2×(75＋1.9×*d*)	34	34	0.373	12.682	2.822
吊筋	Φ̲	14	280 45° 300 450	200＋2×50＋2×20×*d*＋2×1.414×(500－2×25)－(2×0.67)×*d*	4	4	2.114	8.456	10.232
构件名称：L1(3)				构件数量：1	本构件钢筋重：72.99 kg				
1跨架立筋	Φ̲	12	L	3 425－3 425/3－3 425/5＋2×150	2	2	1.898	3.796	3.37
2跨架立筋	Φ̲	12	L	2 550－3 425/3－2 550/3＋2×150	2	2	0.858	1.716	1.524
3跨架立筋	Φ̲	12	L	2 025－2 550/3－2 025/5＋2×150	2	2	1.07	2.14	1.9
左支座负筋	Φ̲	12	180 2 714	3 425/5＋250－25＋15×*d*－(1×2.29)×*d*	2	2	1.063	2.126	1.888
中间支座负筋	Φ̲	16	2 534	3 425/3＋250＋3 425/3	2	2	2.534	5.068	8.008
下部钢筋	Φ̲	18	C L 135° 弯钩锚固端	3 425＋250－25＋3.57×*d*＋5×*d*＋12×*d*	2	2	4.02	8.04	16.08
中间支座负筋	Φ̲	12	L	2 550/3×2＋250	2	2	1.95	3.9	3.464
下部钢筋	Φ̲	12	2 838	12×*d*＋2 550＋12×*d*	2	2	2.838	5.676	5.04
下部钢筋	Φ̲	12	C L 135° 弯钩锚固端	2 025＋250－25＋2.89×*d*＋5×*d*＋12×*d*	2	2	2.497	4.994	4.434
吊筋	Φ̲	14	280 45° 280 350	180＋2×50＋2×20×*d*＋2×1.414×(400－2×25)－(2×0.67)×*d*	2	2	1.811	3.622	4.382

续表

楼层名称:首层

构件名称:L1(3)　　构件数量:1　　本构件钢筋重:72.99 kg

筋号	级别	直径/mm	钢筋图形	计算公式	根数	总根数	单长/m	总长/m	总重/kg
箍筋	Φ	8	350 130	2×[(180−2×25)+(400−2×25)]+2×(11.9×d)−(3×1.75)×d	49	49	1.108	54.292	21.462

构件名称:L2(2)　　构件数量:1　　本构件钢筋重:140.076 kg

筋号	级别	直径/mm	钢筋图形	计算公式	根数	总根数	单长/m	总长/m	总重/kg
左支座负筋	Φ̲	12	180 2 714	250−25+15×d+3 425/5−(1×2.29)×d	2	2	1.063	2.126	1.888
1跨架立筋	Φ̲	12	L	3 425−3 425/5−4 825/3+2×150	2	2	2.802	5.604	4.976
中间支座负筋	Φ̲	22	3 466	4 825/3+250+4 825/3	3	3	3.466	10.398	30.987
下部钢筋	Φ̲	20	100 3 961 135° 弯钩锚固端	250−25+2.89×d+5×d+3 425+12×d	2	2	4.048	8.095	19.98
右支座负筋	Φ̲	12	180 4 114	4 825/5+250−25+15×d−(1×2.29)×d	2	2	1.343	2.686	2.386
2跨架立筋	Φ̲	12	L	4 825−4 825/3−4 825/5+2×150	2	2	2.552	5.104	4.532
下部钢筋	Φ̲	25	125 5 439 135° 弯钩锚固端	12×d+4 825+250−25+2.89×d+5×d	2	2	5.547	11.095	42.783
吊筋	Φ̲	14	280 45° 280 350	180+2×50+2×20×d+2×1.414×(400−2×25)−(2×0.67)×d	2	2	1.811	3.622	4.382
箍筋	Φ	8	350 130	2×[(180−2×25)+(400−2×25)]+2×(11.9×d)−(3×1.75)×d	24	24	1.108	26.592	10.512
箍筋	Φ	10	350 130	2×[(180−2×25)+(400−2×25)]+2×(11.9×d)−(3×1.75)×d	25	25	1.145	28.625	17.65

构件名称:L3(1)　　构件数量:1　　本构件钢筋重:10.437 kg

筋号	级别	直径/mm	钢筋图形	计算公式	根数	总根数	单长/m	总长/m	总重/kg
上部通长筋	Φ̲	12	180 1 700 180	180−25+15×d+1 320+250−25+15×d−(2×2.29)×d	2	2	2.005	4.01	3.56
下部钢筋	Φ̲	12	B	1 320+180−25+2.89×d+5×d+250−25+2.89×d+5×d	2	2	1.898	3.796	3.373
箍筋	Φ	8	350 130	2×[(180−2×25)+(400−2×25)]+2×(11.9×d)−(3×1.75)×d	8	8	1.108	8.864	3.504

续表

楼层名称：首层

筋号	级别	直径/mm	钢筋图形	计算公式	根数	总根数	单长/m	总长/m	总重/kg
构件名称：L4(1)				构件数量：1	本构件钢筋重：13.32 kg				
上部通长筋	Φ	12	180 2 265 180	250－25＋15×d＋1 885＋180－25＋15×d－(2×2.29)×d	2	2	2.57	5.14	4.564
下部钢筋	Φ	12	B	250－25＋2.89×d＋5×d＋1 885＋180－25＋2.89×d＋5×d	2	2	2.463	4.926	4.376
箍筋	ϕ	8	350 130	2×[(180－2×25)＋(400－2×25)]＋2×(11.9×d)－(3×1.75)×d	10	10	1.108	11.08	4.38
构件名称：L5(1)				构件数量：2	本构件钢筋重：85.024 kg				
左、右支座负筋	Φ	16	240 1 535	250－25＋15×d＋6 550/5－(1×2.29)×d	4	8	1.738	13.904	21.968
架立筋	Φ	12	4 230	150－6 550/5＋6 550＋150－6 550/5	2	4	4.23	16.92	15.024
下部钢筋	Φ	22	7 158	250－25＋2.89×d＋5×d＋6 550＋250－25＋2.89×d＋5×d	2	4	7.363	29.452	87.952
吊筋	Φ	14	280 45° 300 350	200＋2×50＋2×20×d＋2×1.414×(400－2×25)－(2×0.67)×d	2	4	1.831	7.324	8.864
箍筋	ϕ	8	350 150	2×[(200－2×25)＋(400－2×25)]＋2×(11.9×d)－(3×1.75)×d	40	80	1.148	91.84	36.24
构件名称：L6(2)				构件数量：1	本构件钢筋重：159.729 kg				
左支座负筋	Φ	16	240 1 350	250－25＋15×d＋5 625/5－(1×2.29)×d	4	4	1.553	6.212	9.816
中间支座负筋	Φ	22	4 000	5 625/3＋250＋5 625/3	2	2	4	8	23.84
架立筋	Φ	12	2 925	150－5 625/5＋5 625＋150－5 625/3	4	4	2.925	11.7	10.388
下部钢筋	Φ	22	110 6 193 135° 弯钩锚固端	250－25＋2.89×d＋5×d＋5 625＋12×d	4	4	6.288	25.152	75.111
吊筋	Φ	14	280 45° 300 350	200＋2×50＋2×20×d＋2×1.414×(400－2×25)－(2×0.67)×d	4	4	1.831	7.324	8.864
箍筋	ϕ	8	350 150	2×[(200－2×25)＋(400－2×25)]＋2×(11.9×d)－(3×1.75)×d	70	70	1.148	80.36	31.71

二层楼梯计算同首层。

三层梁钢筋抽料表

工程名称：广州某办公楼

楼层名称：第3层

构件名称：L1(3)　　构件数量：1　　本构件钢筋重：72.923 kg

筋号	级别	直径/mm	钢筋图形	计算公式	根数	总根数	单长/m	总长/m	总重/kg
左支座负筋	Φ	12	180	250－25＋15×d＋3 425/5－(1×2.29)×d	2	2	1.063	2.126	1.888
1跨架立筋	Φ	12	L	3 425－3 425/5－3 425/3＋2×150	2	2	1.898	3.796	3.37
中间支座负筋	Φ	16	2 534	3 425/3＋250＋3 425/3	2	2	2.534	5.068	8.008
1跨下部钢筋	Φ	18	C L 135° 弯钩锚固端	250－25＋2.89×d＋5×d＋3 425＋12×d	2	2	4.008	8.016	16.024
中间支座负筋	Φ	12	L	2 550/3×2＋250	2	2	1.95	3.9	3.464
2跨架立筋	Φ	12	L	2 550－3 425/3－2 550/3＋2×150	2	2	0.858	1.716	1.524
2跨下部钢筋	Φ	12	2 838	12×d＋2 550＋12×d	2	2	2.838	5.676	5.04
3跨架立筋	Φ	12	L	2 025－2 550/3－2 025/5＋2×150	2	2	1.07	2.14	1.9
右支座负筋	Φ	12	180	2 025/5＋250－25＋15×d	2	2	0.81	1.62	1.438
3跨下部钢筋	Φ	12	C L 135° 弯钩锚固端	250－25＋2.89×d＋5×d＋2 025＋12×d	2	2	2.489	4.978	4.423
吊筋	Φ	14	280 45° 280 350	180＋2×50＋2×20×d＋2×1.414×(400－2×25)－(2×0.67)×d	2	2	1.811	3.622	4.382
箍筋	φ	8	350 130	2×[(180－2×25)＋(400－2×25)]＋2×(11.9×d)－(3×1.75)×d	49	49	1.108	54.292	21.462

构件名称：L2(2)　　构件数量：1　　本构件钢筋重：137.663 kg

筋号	级别	直径/mm	钢筋图形	计算公式	根数	总根数	单长/m	总长/m	总重/kg
左支座负筋	Φ	12	180	250－25＋15×d＋3 425/5－(1×2.29)×d	2	2	1.063	2.126	1.888
1跨架立筋	Φ	12	L	3 425－3 425/5－4 825/3＋2×150	2	2	1.432	2.864	2.544

续表

楼层名称：第 3 层

构件名称：L2(2)　　构件数量：1　　本构件钢筋重：137.663 kg

筋号	级别	直径/mm	钢筋图形	计算公式	根数	总根数	单长/m	总长/m	总重/kg
中间支座负筋	Φ	22	3 466	4 825/3＋250＋4 825/3	3	3	3.466	10.398	30.987
1 跨下部钢筋	Φ	20	100 3 961 135° 弯钩锚固端	250－25＋2.89×d＋5×d＋3 425＋12×d	2	2	4.047	8.095	19.978
2 跨架立筋	Φ	12	L	4 825－4 825/3－4 825/5＋2×150	2	2	2.552	5.104	4.532
右支座负筋	Φ	12	180	4 825/5＋250－25＋15×d－(1×2.29)×d	2	2	1.343	2.686	2.386
2 跨下部钢筋	Φ	25	125 5 439 135° 弯钩锚固端	12×d＋4 825＋250－25＋2.89×d＋5×d	2	2	5.55	11.1	42.804
吊筋	Φ	14	280 45° 280 350	180＋2×50＋2×20×d＋2×1.414×(400－2×25)－(2×0.67)×d	2	2	1.811	3.622	4.382
箍筋	φ	8	350 130	2×[(180－2×25)＋(400－2×25)]＋2×(11.9×d)－(3×1.75)×d	24	24	1.108	26.592	10.512
箍筋	φ	10	350 130	2×[(180－2×25)＋(400－2×25)]＋2×(11.9×d)－(3×1.75)×d	25	25	1.145	28.625	17.65

构件名称：L3(1)　　构件数量：1　　本构件钢筋重：10.45 kg

筋号	级别	直径/mm	钢筋图形	计算公式	根数	总根数	单长/m	总长/m	总重/kg
上部通长筋	Φ	12	180 1 700 180	180－25＋15×d＋1 320＋250－25＋15×d－(2×2.29)×d	2	2	2.005	4.01	3.56
下部钢筋	Φ	12	B	180－25＋2.89×d＋5×d＋1 320＋250－25＋2.89×d＋5×d	2	2	1.906	3.812	3.386
箍筋	φ	8	350 130	2×[(180－2×25)＋(400－2×25)]＋2×(11.9×d)－(3×1.75)×d	8	8	1.108	8.864	3.504

构件名称：L4(1)　　构件数量：1　　本构件钢筋重：13.306 kg

筋号	级别	直径/mm	钢筋图形	计算公式	根数	总根数	单长/m	总长/m	总重/kg
上部通长筋	Φ	12	180 2 265 180	250－25＋15×d＋1 885＋180－25＋15×d－(2×2.29)×d	2	2	2.57	5.14	4.564
下部钢筋	Φ	12	B	250－25＋2.89×d＋5×d＋1 885＋180－25＋2.89×d＋5×d	2	2	2.455	4.909	4.362
箍筋	φ	8	350 130	2×[(180－2×25)＋(400－2×25)]＋2×(11.9×d)－(3×1.75)×d	10	10	1.108	11.08	4.38

续表

楼层名称:第 3 层

构件名称:L5(1)　　构件数量:2　　本构件钢筋重:84.935 kg

筋号	级别	直径/mm	钢筋图形	计算公式	根数	总根数	单长/m	总长/m	总重/kg
左、右支座负筋	Φ	16	240 1 535	250−25+15×d+6 550/5−(1×2.29)×d	4	8	1.738	13.904	21.968
架立筋	Φ	12	4 230	150−6 550/5+6 550+150−6 550/5	2	4	4.23	16.92	15.024
下部钢筋	Φ	22	7 158	250−25+2.89×d+5×d+6 550+250−25+2.89×d+5×d	2	4	7.348	29.392	87.773
吊筋	Φ	14	280 45° 300 350	200+2×50+2×20×d+2×1.414×(400−2×25)−(2×0.67)×d	2	4	1.831	7.324	8.864
箍筋	ϕ	8	350 150	2×[(200−2×25)+(400−2×25)]+2×(11.9×d)−(3×1.75)×d	40	80	1.148	91.84	36.24

构件名称:L6(2)　　构件数量:1　　本构件钢筋重:159.729 kg

筋号	级别	直径/mm	钢筋图形	计算公式	根数	总根数	单长/m	总长/m	总重/kg
左、右支座负筋	Φ	16	240 1 350	250−25+15×d+5 625/5−(1×2.29)×d	4	4	1.553	6.212	9.816
中间支座负筋	Φ	22	4 000	5 625/3+250+5 625/3	2	2	4	8	23.84
架立筋	Φ	12	2 925	150−5 625/5+5 625+150−5 625/3	4	4	2.925	11.7	10.388
下部钢筋	Φ	22	110 6 193 135° 弯钩锚固端	250−25+2.89×d+5×d+5 625+12×d	4	4	6.288	25.152	75.111
吊筋	Φ	14	280 45° 300 350	200+2×50+2×20×d+2×1.414×(400−2×25)−(2×0.67)×d	4	4	1.831	7.324	8.864
箍筋	ϕ	8	350 150	2×[(200−2×25)+(400−2×25)]+2×(11.9×d)−(3×1.75)×d	70	70	1.148	80.36	31.71

构件名称:WKL1(4)　　构件数量:1　　本构件钢筋重:370.506 kg

筋号	级别	直径/mm	钢筋图形	计算公式	根数	总根数	单长/m	总长/m	总重/kg
上部通长筋	Φ	20	475 15 750 475	400−25+475+15 150+250−25+475−(2×2.29)×d	2	2	16.608	33.216	82.044
左支座负筋	Φ	18	475 1 442	400−25+475+3 200/3−(1×2.29)×d	1	1	1.876	1.876	3.752
侧面构造钢筋	Φ	12	8 560	15×d+8 200+15×d	2	2	8.56	17.12	15.202

续表

楼层名称:第 3 层

构件名称:WKL1(4)　　构件数量:1　　本构件钢筋重:370.506 kg

筋号	级别	直径/mm	钢筋图形	计算公式	根数	总根数	单长/m	总长/m	总重/kg
1 跨下部钢筋	Ф	18	270 4 331	400－25＋15×d＋3 200＋42×d－(1×2.29)×d	2	2	4.56	9.12	18.24
2 跨下部钢筋	Ф	18	3 937	42×d＋2 425＋42×d	2	2	3.937	7.874	15.748
中间支座负筋	Ф	18	L	6 550/3＋400＋6 550/3	2	2	4.767	9.534	19.068
中间支座负筋	Ф	18	3 676	6 550/4＋400＋6 550/4	2	2	3.676	7.352	14.704
3 跨下部钢筋	Ф	18	3 337	42×d＋1 825＋42×d	2	2	3.337	6.674	13.348
侧面构造钢筋	Ф	14	6 970	15×d＋6 550＋15×d	2	2	6.97	13.94	16.868
4 跨下部钢筋	Ф	22	330 7 699	42×d＋6 550＋250－25＋15×d－(1×2.29)×d	4	4	7.979	31.916	95.108
吊筋	Ф	14	280 45° 280 450	180＋2×50＋2×20×d＋2×1.414×(500－2×25)－(2×0.67)×d	2	2	2.094	4.188	5.068
箍筋	Φ	8	450 200	2×[(250－2×25)＋(500－2×25)]＋2×(11.9×d)－(3×1.75)×d	110	110	1.448	159.28	62.92
拉筋	Φ	6	200	(250－2×25)＋2×(75＋1.9×d)	40	40	0.373	14.92	3.32
吊筋	Ф	14	280 45° 300 450	200＋2×50＋2×20×d＋2×1.414×(500－2×25)－(2×0.67)×d	2	2	2.114	4.228	5.116

构件名称:WKL2(4)　　构件数量:1　　本构件钢筋重:371.639 kg

筋号	级别	直径/mm	钢筋图形	计算公式	根数	总根数	单长/m	总长/m	总重/kg
上部通长筋	Ф	20	475 15 750 475	400－25＋475＋14 900＋500－25＋475－(2×2.29)×d	2	2	16.608	33.216	82.044
左支座负筋	Ф	18	475 1 442	400－25＋475＋3 200/3－(1×2.29)×d	1	1	1.876	1.876	3.752
侧面构造钢筋	Ф	12	8 560	15×d＋8 200＋15×d	2	2	8.56	17.12	15.202
1 跨下部钢筋	Ф	18	270 4 331	400－25＋15×d＋3 200＋42×d－(1×2.29)×d	2	2	4.56	9.12	18.24

续表

楼层名称：第3层

构件名称：WKL2(4)　　构件数量：1　　本构件钢筋重：371.639 kg

筋号	级别	直径/mm	钢筋图形	计算公式	根数	总根数	单长/m	总长/m	总重/kg
2跨下部钢筋	Φ	16	3 769	$42 \times d + 2\,425 + 42 \times d$	2	2	3.769	7.538	11.91
中间支座负筋	Φ	16	L	$6\,300/3 + 400 + 6\,300/3$	2	2	4.6	9.2	14.536
3跨下部钢筋	Φ	16	3 169	$42 \times d + 1\,825 + 42 \times d$	2	2	3.169	6.338	10.014
右支座负筋	Φ	20	475 2 575	$6\,300/3 + 500 - 25 + 475 - (1 \times 2.29) \times d$	2	2	3.004	6.008	14.84
右支座负筋	Φ	20	475 2 050	$6\,300/4 + 500 - 25 + 475 - (1 \times 2.29) \times d$	2	2	2.479	4.958	12.246
侧面构造钢筋	Φ	14	6 720	$15 \times d + 6\,300 + 15 \times d$	2	2	6.72	13.44	16.262
4跨下部钢筋	Φ	22	330 7 699	$42 \times d + 6\,300 + 500 - 25 + 15 \times d - (1 \times 2.29) \times d$	4	4	7.979	31.916	95.108
吊筋	Φ	14	280 45° 280 450	$180 + 2 \times 50 + 2 \times 20 \times d + 2 \times 1.414 \times (500 - 2 \times 25) - (2 \times 0.67) \times d$	2	2	2.094	4.188	5.068
箍筋	Φ	8	450 200	$2 \times [(250 - 2 \times 25) + (500 - 2 \times 25)] + 2 \times (11.9 \times d) - (3 \times 1.75) \times d$	112	112	1.448	162.176	64.064
拉筋	Φ	6	200	$(250 - 2 \times 25) + 2 \times (75 + 1.9 \times d)$	39	39	0.373	14.547	3.237
吊筋	Φ	14	280 45° 300 450	$200 + 2 \times 50 + 2 \times 20 \times d + 2 \times 1.414 \times (500 - 2 \times 25) - (2 \times 0.67) \times d$	2	2	2.114	4.228	5.116

构件名称：WKL3(3)　　构件数量：1　　本构件钢筋重：333.996 kg

筋号	级别	直径/mm	钢筋图形	计算公式	根数	总根数	单长/m	总长/m	总重/kg
上部通长筋	Φ	18	475 15 750 475	$400 - 25 + 475 + 14\,900 + 500 - 25 + 475 - (2 \times 2.29) \times d$	2	2	16.618	33.236	66.472
左支座负筋	Φ	18	475 1 442	$400 - 25 + 475 + 3\,200/3 - (1 \times 2.29) \times d$	1	1	1.876	1.876	3.752
中间支座负筋	Φ	18	3 466	$4\,600/3 + 400 + 4\,600/3$	1	1	3.466	3.466	6.932
侧面构造钢筋	Φ	12	8 560	$15 \times d + 8\,200 + 15 \times d$	2	2	8.56	17.12	15.202

续表

楼层名称:第3层									
构件名称:WKL3(3)				构件数量:1	本构件钢筋重:333.996 kg				
筋号	级别	直径/mm	钢筋图形	计算公式	根数	总根数	单长/m	总长/m	总重/kg
1跨下部钢筋	⌽	20	300 ∟ 4 415	400−25+15×d+3 200+42×d−(1×2.29)×d	2	2	4.669	9.338	23.064
中间支座负筋	⌽	16	4 600	6 300/3+400+6 300/3	2	2	4.6	9.2	14.536
2跨下部钢筋	⌽	20	6 280	42×d+4 600+42×d	2	2	6.28	12.56	31.024
右支座负筋	⌽	22	475 ∟ 2 575	6 300/3+500−25+475−(1×2.29)×d	2	2	3	6	17.88
侧面受扭钢筋	⌽	14	210 ∟ 7 363	42×d+6 300+500−25+15×d−(1×2.29)×d	2	2	7.541	15.082	18.25
3跨下部钢筋	⌽	22	330 ∟ 7 699	42×d+6 300+500−25+15×d−(1×2.29)×d	3	3	7.979	23.937	71.331
箍筋	ϕ	8	450 200	2×[(250−2×25)+(500−2×25)]+2×(11.9×d)−(3×1.75)×d	100	100	1.448	144.8	57.2
拉筋	ϕ	6	200	(250−2×25)+2×(75+1.9×d)	39	39	0.373	14.547	3.237
吊筋	⌽	14	280 45° 300 450	200+2×50+2×20×d+2×1.414×(500−2×25)−(2×0.67)×d	2	2	2.114	4.228	5.116
构件名称:WKL4(2A)				构件数量:1	本构件钢筋重:310.44 kg				
上部通长筋	⌽	20	475 ∟ 13 450 ┘ 240	500−25+475+13 000+240−25−(2×2.29)×d	2	2	14.073	28.146	69.52
悬挑端跨中筋	⌽	18	350 180 45° 3 170	500+5 250/3+1 500+(400−25×2)×(1.414−1)−25−(1×0.67)×d	2	2	3.858	7.716	15.432
悬挑端侧面构造钢筋	⌽	14	13 185	15×d+13 000−25	2	2	13.185	26.37	31.908
下部钢筋	⌽	14	1 685	15×d+1 500−25	2	2	1.685	3.37	4.078
左支座负筋	⌽	18	756 ∟ 1 788	500−25+756+5 250/4−(1×2.29)×d	2	2	2.503	5.006	10.012
中间支座负筋	⌽	18	4 000	5 250/3+500+5 250/3	2	2	4	8	16

续表

楼层名称:第 3 层

构件名称:WKL4(2A)　　构件数量:1　　本构件钢筋重:310.44 kg

筋号	级别	直径/mm	钢筋图形	计算公式	根数	总根数	单长/m	总长/m	总重/kg
中间支座负筋	Ф	18	3 126	5 250/4＋500＋5 250/4	2	2	3.126	6.252	12.504
下部钢筋	Ф	20	300 6 565	500－25＋15×*d*＋5 250＋42×*d*－(1×2.29)×*d*	5	5	6.819	34.095	84.215
右支座钢筋	Ф	16	475 2 225	5 250/3＋500－25＋475－(1×2.29)×*d*	2	2	2.663	5.326	8.416
箍筋	ϕ	8	350 200	2×[(250－2×25)＋(400－2×25)]＋2×(11.9×*d*)－(3×1.75)×*d*	16	16	1.248	19.968	7.888
拉筋	ϕ	6	200	(250－2×25)＋2×(75＋1.9×*d*)	37	37	0.373	13.801	3.071
箍筋	ϕ	8	450 200	2×[(250－2×25)＋(500－2×25)]＋2×(11.9×*d*)－(3×1.75)×*d*	74	74	1.448	107.152	42.328
吊筋	Ф	14	280 45° 280 450	180＋2×50＋2×20×*d*＋2×1.414×(500－2×25)－(2×0.67)×*d*	2	2	2.094	4.188	5.068

构件名称:WKL5(2A)　　构件数量:1　　本构件钢筋重:409.217 kg

筋号	级别	直径/mm	钢筋图形	计算公式	根数	总根数	单长/m	总长/m	总重/kg
上部通长筋	Ф	20	475 13 450 240	500－25＋475＋13 000＋240－25－(2×2.29)×*d*	2	2	14.073	28.146	69.52
悬挑端跨中筋	Ф	20	350 200 45° 3 150	500＋5 250/3＋1 500＋(400－25×2)×(1.414－1)－25－(1×0.67)×*d*	2	2	3.857	7.714	19.054
侧面构造钢筋	Ф	14	13 185	15×*d*＋13 000－25	2	2	13.185	26.37	31.908
悬挑端下部钢筋	Ф	16	1 715	15×*d*＋1 500－25	2	2	1.715	3.43	5.42
左支座负筋	Ф	20	840 1 788	500－25＋840＋5 250/4－(1×2.29)×*d*	4	4	2.582	10.328	25.512
中间支座负筋	Ф	22	4 000	5 250/3＋500＋5 250/3	2	2	4	8	23.84
中间支座负筋	Ф	22	3 126	5 250/4＋500＋5 250/4	2	2	3.126	6.252	18.63
下部钢筋	Ф	22	330 6 649	500－25＋15×*d*＋5 250＋42×*d*－(1×2.29)×*d*	3	3	6.929	20.787	61.944

续表

楼层名称:第 3 层

构件名称:WKL5(2A)　　构件数量:1　　本构件钢筋重:409.217 kg

筋号	级别	直径/mm	钢筋图形	计算公式	根数	总根数	单长/m	总长/m	总重/kg
右支座负筋	Φ	20	475 2 225	5 250/3＋500－25＋475－(1×2.29)×*d*	2	2	2.654	5.308	13.11
下部钢筋	Φ	25	375 6 775	42×*d*＋5 250＋500－25＋15×*d*－(1×2.29)×*d*	3	3	7.093	21.279	81.924
箍筋	φ	8	350 200	2×[(250－2×25)＋(400－2×25)]＋2×(11.9×*d*)－(3×1.75)×*d*	16	16	1.248	19.968	7.888
拉筋	φ	6	200	(250－2×25)＋2×(75＋1.9×*d*)	37	37	0.373	13.801	3.071
箍筋	φ	8	450 200	2×[(250－2×25)＋(500－2×25)]＋2×(11.9×*d*)－(3×1.75)×*d*	74	74	1.448	107.152	42.328
吊筋	Φ	14	280 45° 280 450	180＋2×50＋2×20×*d*＋2×1.414×(500－2×25)－(2×0.67)×*d*	2	2	2.094	4.188	5.068

构件名称:WKL6(1A)　　构件数量:1　　本构件钢筋重:207.794 kg

筋号	级别	直径/mm	钢筋图形	计算公式	根数	总根数	单长/m	总长/m	总重/kg
上部通长筋	Φ	20	475 7 650 240	400－25＋475＋7 300＋240－25－(2×2.29)×*d*	2	2	8.273	16.546	40.868
悬挑端跨中筋	Φ	20	350 200 3 100 45°	400＋5 400/3＋1 500＋(400－25×2)×(1.414－1)－25－(1×0.67)×*d*	2	2	3.807	7.614	18.806
侧面构造钢筋	Φ	14	7 485	15×*d*＋7 300－25	2	2	7.485	14.97	18.114
悬挑端下部钢筋	Φ	14	1 685	15×*d*＋1 500－25	2	2	1.685	3.37	4.078
左支座负筋	Φ	20	840 1 725	400－25＋840＋5 400/4－(1×2.29)×*d*	2	2	2.519	5.038	12.444
中间支座负筋	Φ	18	475 2 175	5 400/3＋400－25＋475－(1×2.29)×*d*	1	1	2.609	2.609	5.218
下部钢筋	Φ	25	375 6 150 375	400－25＋15×*d*＋5 400＋400－25＋15×*d*－(2×2.29)×*d*	3	3	6.785	20.355	78.366
箍筋	φ	8	350 200	2×[(250－2×25)＋(400－2×25)]＋2×(11.9×*d*)－(3×1.75)×*d*	16	16	1.248	19.968	7.888

续表

楼层名称:第3层									
构件名称:WKL6(1A)				构件数量:1	本构件钢筋重:207.794 kg				
筋号	级别	直径/mm	钢筋图形	计算公式	根数	总根数	单长/m	总长/m	总重/kg
拉筋	Φ	6	200	(250−2×25)+2×(75+1.9×d)	24	24	0.373	8.952	1.992
箍筋	Φ	8	450 200	2×[(250−2×25)+(500−2×25)]+2×(11.9×d)−(3×1.75)×d	35	35	1.448	50.68	20.02
构件名称:WKL7(2A)				构件数量:1	本构件钢筋重:400.537 kg				
上部通长筋	Ф	20	475 13 450 240	500−25+475+13 000+240−25−(2×2.29)×d	2	2	14.073	28.146	69.52
悬挑端跨中筋	Ф	18	350 180 3 170 45°	500+5 250/3+1 500+(400−25×2)×(1.414−1)−25−(1×0.67)×d	1	1	3.858	3.858	7.716
侧面受扭钢筋	Ф	14	210 13 450	500−25+15×d+13 000−25−(1×2.29)×d	2	2	13.628	27.256	32.98
悬挑端下部钢筋	Ф	14	1 685	15×d+1 500−25	2	2	1.685	3.37	4.078
左支座负筋	Ф	18	756 2 225	500−25+756+5 250/3−(1×2.29)×d	1	1	2.94	2.94	5.88
左支座负筋	Ф	18	756 1 788	500−25+756+5 250/4−(1×2.29)×d	2	2	2.503	5.006	10.012
中间支座负筋	Ф	20	4 000	5 250/3+500+5 250/3	2	2	4	8	19.76
中间支座负筋	Ф	20	3 126	5 250/4+500+5 250/4	3	3	3.126	9.378	23.163
下部钢筋	Ф	20	300 6 565	500−25+15×d+5 250+42×d−(1×2.29)×d	3	3	6.819	20.457	50.529
右支座负筋	Ф	18	475 2 225	5 250/3+500−25+475−(1×2.29)×d	2	2	2.659	5.318	10.636
右支座负筋	Ф	18	475 1 788	5 250/4+500−25+475−(1×2.29)×d	2	2	2.222	4.444	8.888
下部钢筋	Ф	25	375 6 775	42×d+5 250+500−25+15×d−(1×2.29)×d	3	3	7.093	21.279	81.924
箍筋	Φ	8	350 200	2×[(250−2×25)+(400−2×25)]+2×(11.9×d)−(3×1.75)×d	16	16	1.248	19.968	7.888

续表

楼层名称:第 3 层

构件名称:WKL7(2A)　　构件数量:1　　本构件钢筋重:400.537 kg

筋号	级别	直径/mm	钢筋图形	计算公式	根数	总根数	单长/m	总长/m	总重/kg
拉筋	Φ	6	200	(250－2×25)＋2×(75＋1.9×d)	37	37	0.373	13.801	3.071
吊筋	Φ	14	280 45° 300 450	200＋2×50＋2×20×d＋2×1.414×(500－2×25)－(2×0.67)×d	4	4	2.114	8.456	10.232
箍筋	Φ	8	450 200	2×[(250－2×25)＋(500－2×25)]＋2×(11.9×d)－(3×1.75)×d	86	86	1.448	124.528	49.192
吊筋	Φ	14	280 45° 280 450	180＋2×50＋2×20×d＋2×1.414×(500－2×25)－(2×0.67)×d	2	2	2.094	4.188	5.068

构件名称:WKL8(2A)　　构件数量:1　　本构件钢筋重:274.754 kg

筋号	级别	直径/mm	钢筋图形	计算公式	根数	总根数	单长/m	总长/m	总重/kg
上部通长筋	Φ	20	475 11 950 240	400－25＋475＋11 600＋240－25－(2×2.29)×d	2	2	12.573	25.146	62.11
悬挑端跨中筋	Φ	16	450 160 2 415 45°	400＋3 900/3＋1 375＋(500－25×2)×(1.414－1)－25－(1×0.67)×d	2	2	3.225	6.45	10.192
侧面受扭钢筋	Φ	14	210 11 950	400－25＋210＋11 600－25－(1×2.29)×d	2	2	12.128	24.256	29.35
下部钢筋	Φ	14	1 685	15×d＋1 500－25	2	2	1.685	3.37	4.078
左支座负筋	Φ	16	672 1 350	400－25＋672＋3 900/4－(1×2.29)×d	2	2	1.985	3.97	6.272
中间支座负筋	Φ	16	4 000	5 400/3＋400＋5 400/3	2	2	4	8	12.64
下部钢筋	Φ	20	5 580	42×d＋3 900＋42×d	2	2	5.58	11.16	27.566
右支座负筋	Φ	16	475 2 175	5 400/3＋400－25＋475－(1×2.29)×d	2	2	2.613	5.226	8.258
下部钢筋	Φ	20	300 6 615	42×d＋5 400＋400－25＋15×d－(1×2.29)×d	3	3	6.869	20.607	50.898
箍筋	Φ	8	450 200	2×[(250－2×25)＋(500－2×25)]＋2×(11.9×d)－(3×1.75)×d	88	88	1.448	127.424	50.336
拉筋	Φ	6	200	(250－2×25)＋2×(75＋1.9×d)	34	34	0.373	12.682	2.822
吊筋	Φ	14	280 45° 300 450	200＋2×50＋2×20×d＋2×1.414×(500－2×25)－(2×0.67)×d	4	4	2.114	8.456	10.232

首层、二层板钢筋抽料表

工程名称：广州某办公楼

楼层名称：首层　　　　钢筋总重：1 479.153 kg

筋号	级别	直径/mm	钢筋图形	计算公式	根数	总根数	单长/m	总长/m	总重/kg
构件名称：B4				构件数量：1	本构件钢筋重：38.722 kg				
C8@180	Φ	8	2 875	2 650 + max{250/2, 5×d} + max{200/2,5×d}	17	17	2.875	48.875	19.312
C8@180	Φ	8	3 275	3 050 + max{200/2, 5×d} + max{250/2,5×d}	15	15	3.275	49.125	19.41
构件名称：B6				构件数量：1	本构件钢筋重：40.849 kg				
C8@180	Φ	8	3 000	2 775 + max{200/2, 5×d} + max{250/2,5×d}	17	17	3	51	20.145
C8@180	Φ	8	3 275	3 050 + max{200/2, 5×d} + max{250/2,5×d}	16	16	3.275	52.4	20.704
构件名称：B6				构件数量：1	本构件钢筋重：40.849 kg				
C8@180	Φ	8	3 000	2 775 + max{250/2, 5×d} + max{200/2,5×d}	17	17	3	51	20.145
C8@180	Φ	8	3 275	3 050 + max{200/2, 5×d} + max{250/2,5×d}	16	16	3.275	52.4	20.704
构件名称：B4				构件数量：1	本构件钢筋重：38.722 kg				
C8@180	Φ	8	2 875	2 650 + max{200/2, 5×d} + max{250/2,5×d}	17	17	2.875	48.875	19.312
C8@180	Φ	8	3 275	3 050 + max{200/2, 5×d} + max{250/2,5×d}	15	15	3.275	49.125	19.41
构件名称：B3				构件数量：1	本构件钢筋重：42.464 kg				
C8@180	Φ	8	3 525	3 300 + max{250/2, 5×d} + max{200/2,5×d}	15	15	3.525	52.875	20.88
C8@180	Φ	8	2 875	2 650 + max{250/2, 5×d} + max{200/2,5×d}	19	19	2.875	54.625	21.584
构件名称：B5				构件数量：1	本构件钢筋重：44.787 kg				
C8@180	Φ	8	3 525	3 300 + max{250/2, 5×d} + max{200/2,5×d}	16	16	3.525	56.4	22.272
C8@180	Φ	8	3 000	2 775 + max{200/2, 5×d} + max{250/2,5×d}	19	19	3	57	22.515
构件名称：B12				构件数量：1	本构件钢筋重：44.787 kg				
C8@180	Φ	8	3 525	3 300 + max{250/2, 5×d} + max{200/2,5×d}	16	16	3.525	56.4	22.272

续表

楼层名称:首层　　　　钢筋总重:1 479.153 kg

筋号	级别	直径/mm	钢筋图形	计算公式	根数	总根数	单长/m	总长/m	总重/kg
C8@180	Φ	8	3 000	2 775＋max{250/2,5×d}＋max{200/2,5×d}	19	19	3	57	22.515
构件名称:B13				构件数量:1	本构件钢筋重:42.464 kg				
C8@180	Φ	8	3 525	3 300＋max{250/2,5×d}＋max{200/2,5×d}	15	15	3.525	52.875	20.88
C8@180	Φ	8	2 875	2 650＋max{200/2,5×d}＋max{250/2,5×d}	19	19	2.875	54.625	21.584
构件名称:B2				构件数量:1	本构件钢筋重:28.768 kg				
C8@180	Φ	8	2 275	2 025＋max{250/2,5×d}＋max{250/2,5×d}	32	32	2.275	72.8	28.768
构件名称:B10				构件数量:1	本构件钢筋重:22.41 kg				
C8@180	Φ	8	2 100	1 885＋max{250/2,5×d}＋max{180/2,5×d}	27	27	2.1	56.7	22.41
构件名称:B11				构件数量:1	本构件钢筋重:80.357 kg				
C8@180	Φ	8	3 775	3 560＋max{180/2,5×d}＋max{250/2,5×d}	27	27	3.775	101.925	40.257
C8@180	Φ	8	5 075	4 825＋max{250/2,5×d}＋max{250/2,5×d}	20	20	5.075	101.5	40.1
构件名称:B9				构件数量:1	本构件钢筋重:58.86 kg				
C8@180	Φ	8	3 675	3 425＋max{250/2,5×d}＋max{250/2,5×d}	20	20	3.675	73.5	29.04
C8@180	Φ	8	3 775	3 560＋max{180/2,5×d}＋max{250/2,5×d}	20	20	3.775	75.5	29.82
构件名称:B1				构件数量:1	本构件钢筋重:182.602 kg				
C8@150	Φ	8	5 875	5 625＋max{250/2,5×d}＋max{250/2,5×d}	23	23	5.875	135.125	53.383
C10@100	Φ	10	3 675	3 425＋max{250/2,5×d}＋max{250/2,5×d}	57	57	3.675	209.475	129.219
构件名称:B7				构件数量:1	本构件钢筋重:33.009 kg				
C8@150面筋	Φ	8	120 ⌊1 700⌋ 120	1 320＋180－25＋15×d＋250－25＋15×d－(2×2.29)×d	14	14	1.903	26.642	10.528
C8@150面筋	Φ	8	120 ⌊2 475⌋ 120	2 025＋250－25＋15×d＋250－25＋15×d－(2×2.29)×d	9	9	2.678	24.102	9.522
C8@200	Φ	8	1 535	1 320＋max{180/2,5×d}＋max{250/2,5×d}	11	11	1.535	16.885	6.666
C8@200	Φ	8	2 275	2 025＋max{250/2,5×d}＋max{250/2,5×d}	7	7	2.275	15.925	6.293

续表

楼层名称:首层							钢筋总重:1 479.153 kg		
筋号	级别	直径/mm	钢筋图形	计算公式	根数	总根数	单长/m	总长/m	总重/kg
构件名称:B15				构件数量:1	本构件钢筋重:23.179 kg				
C8@150 面筋	Φ	8	120 1 700 120	1 320+180−25+15×d+250−25+15×d−(2×2.29)×d	10	10	1.903	19.03	7.52
C8@150 面筋	Φ	8	120 1 765 120	1 385+250−25+15×d+180−25+15×d−(2×2.29)×d	9	9	1.968	17.712	6.993
构件名称:B15				构件数量:1	本构件钢筋重:23.179 kg				
C8@200	Φ	8	1 600	1 385+max{250/2,5×d}+max{180/2,5×d}	7	7	1.6	11.2	4.424
C8@200	Φ	8	1 535	1 320+max{180/2,5×d}+max{250/2,5×d}	7	7	1.535	10.745	4.242
构件名称:B7				构件数量:1	本构件钢筋重:33.501 kg				
C8@150 面筋	Φ	8	120 1 840 120	1 460+250−25+15×d+180−25+15×d−(2×2.29)×d	13	13	2.043	26.559	10.491
C8@150 面筋	Φ	8	120 2 265 120	1 885+250−25+15×d+180−25+15×d−(2×2.29)×d	10	10	2.468	24.68	9.75
C8@200	Φ	8	2 100	1 885+max{250/2,5×d}+max{180/2,5×d}	8	8	2.1	16.8	6.64
C8@200	Φ	8	1 675	1 460+max{250/2,5×d}+max{180/2,5×d}	10	10	1.675	16.75	6.62
构件名称:B14				构件数量:1	本构件钢筋重:26.9 kg				
C8@180 面筋	Φ	8	120 1 700 120	1 320+180−25+15×d+250−25+15×d−(2×2.29)×d	15	15	1.903	28.545	11.28
C8@200	Φ	8	2 800	2 550+max{250/2,5×d}+max{250/2,5×d}	7	7	2.8	19.6	7.742
C8@200	Φ	8	1 535	1 320+max{180/2,5×d}+max{250/2,5×d}	13	13	1.535	19.955	7.878
构件名称:B16				构件数量:1	本构件钢筋重:20.072 kg				
C8@180 面筋	Φ	8	120 1 700 120	1 320+180−25+15×d+250−25+15×d−(2×2.29)×d	11	11	1.903	20.933	8.272
C8@200	Φ	8	1 535	1 320+max{180/2,5×d}+max{250/2,5×d}	10	10	1.535	15.35	6.06
C8@200	Φ	8	2 075	1 860+max{180/2,5×d}+max{250/2,5×d}	7	7	2.075	14.525	5.74

续表

楼层名称：首层　　　　钢筋总重：1 479.153 kg

筋号	级别	直径/mm	钢筋图形	计算公式	根数	总根数	单长/m	总长/m	总重/kg
构件名称：B8				构件数量：1	本构件钢筋重：36.97 kg				
KBSLJc 8-180	Ф	8	60└ 4 500 ┘60	2 100＋1 200＋1 200＋100－2×20＋100－2×20－(2×2.29)×d	10	10	4.583	45.83	18.1
KBSLJc 8-180	Φ	6	1 060	900＋250－90	4	4	1.06	4.24	0.94
KBSLJc 8-180	Φ	6	1 100	600＋250＋250	7	7	1.1	7.7	1.708
KBSLJc 8-180	Φ	6	960	800＋250－90	4	4	0.96	3.84	0.852
C8@200	Ф	8	2 000	1 785＋max{180/2, 5×d}＋max{250/2,5×d}	10	10	2	20	7.9
C8@200	Ф	8	2 100	1 885＋max{250/2, 5×d}＋max{180/2,5×d}	9	9	2.1	18.9	7.47
构件名称：1				构件数量：1	本构件钢筋重：9.661 kg				
1	Ф	8	60└ 1 100 ┘120	875＋60＋250－25＋15×d－(2×2.29)×d	17	17	1.243	21.131	8.347
1 分布筋	Φ	6	1 975	1 475＋250＋250	3	3	1.975	5.925	1.314
构件名称：2				构件数量：1	本构件钢筋重：8.415 kg				
2	Ф	8	60└ 1 100 ┘120	875＋60＋250－25＋15×d－(2×2.29)×d	15	15	1.243	18.645	7.365
2 分布筋	Φ	6	1 575	1 075＋250＋250	3	3	1.575	4.725	1.05
构件名称：3				构件数量：1	本构件钢筋重：16.593 kg				
3	Ф	8	60└ 1 600 ┘60	800＋800＋60＋60－(2×2.29)×d	21	21	1.683	35.343	13.965
3 分布筋	Φ	6	1 975	1 475＋250＋250	6	6	1.975	11.85	2.628
构件名称：4				构件数量：1	本构件钢筋重：14.07 kg				
4	Ф	8	60└ 1 600 ┘60	800＋800＋60＋60－(2×2.29)×d	18	18	1.683	30.294	11.97
4 分布筋	Φ	6	1 575	1 075＋250＋250	6	6	1.575	9.45	2.1
构件名称：5				构件数量：1	本构件钢筋重：9.056 kg				
5	Ф	8	60└ 1 100 ┘120	875＋60＋250－25＋15×d－(2×2.29)×d	16	16	1.243	19.888	7.856

续表

楼层名称:首层　　　　钢筋总重:1 479.153 kg

筋号	级别	直径/mm	钢筋图形	计算公式	根数	总根数	单长/m	总长/m	总重/kg
5 分布筋	Φ	6	1 800	1 300＋250＋250	3	3	1.8	5.4	1.2
构件名称:6				构件数量:1	本构件钢筋重:15.276 kg				
6	Φ̲	8	60 1 800 60	900＋900＋60＋ 60－(2×2.29)×d	17	17	1.883	32.011	12.648
6 分布筋	Φ	6	1 975	1 475＋250＋250	6	6	1.975	11.85	2.628
构件名称:7				构件数量:1	本构件钢筋重:13.04 kg				
7	Φ̲	8	60 1 600 60	800＋800＋60＋ 60－(2×2.29)×d	16	16	1.683	26.928	10.64
7 分布筋	Φ	6	1 800	1 300＋250＋250	6	6	1.8	10.8	2.4
构件名称:8				构件数量:1	本构件钢筋重:9.056 kg				
8	Φ̲	8	120 1 100 60	875＋250－25＋15×d＋ 60－(2×2.29)×d	16	16	1.243	19.888	7.856
8 分布筋	Φ	6	1 800	1 300＋250＋250	3	3	1.8	5.4	1.2
构件名称:9				构件数量:1	本构件钢筋重:16.593 kg				
9	Φ̲	8	60 1 600 60	800＋800＋60＋ 60－(2×2.29)×d	21	21	1.683	35.343	13.965
9 分布筋	Φ	6	1 975	1 475＋250＋250	6	6	1.975	11.85	2.628
构件名称:10				构件数量:1	本构件钢筋重:13.04 kg				
10	Φ̲	8	60 1 600 60	800＋800＋60＋ 60－(2×2.29)×d	16	16	1.683	26.928	10.64
10 分布筋	Φ	6	1 800	1 300＋250＋250	6	6	1.8	10.8	2.4
构件名称:11				构件数量:1	本构件钢筋重:8.415 kg				
11	Φ̲	8	120 1 100 60	875＋250－25＋15×d＋ 60－(2×2.29)×d	15	15	1.243	18.645	7.365
11 分布筋	Φ	6	1 575	1 075＋250＋250	3	3	1.575	4.725	1.05
构件名称:12				构件数量:1	本构件钢筋重:9.661 kg				
12	Φ̲	8	120 1 100 60	875＋250－25＋15×d＋ 60－(2×2.29)×d	17	17	1.243	21.131	8.347
12 分布筋	Φ	6	1 975	1 475＋250＋250	3	3	1.975	5.925	1.314

续表

楼层名称：首层　　　　钢筋总重：1 479.153 kg

筋号	级别	直径/mm	钢筋图形	计算公式	根数	总根数	单长/m	总长/m	总重/kg
构件名称：13				构件数量：1	本构件钢筋重：14.07 kg				
13	Ф	8	60└ 1 600 ┘60	800＋800＋60＋60－(2×2.29)×d	18	18	1.683	30.294	11.97
13 分布筋	Φ	6	1 575	1 075＋250＋250	6	6	1.575	9.45	2.1
构件名称：14				构件数量：1	本构件钢筋重：10.943 kg				
14	Ф	8	120└ 1 100 ┘60	875＋250－25＋15×d＋60－(2×2.29)×d	19	19	1.243	23.617	9.329
14 分布筋	Φ	6	2 425	1 925＋250＋250	3	3	2.425	7.275	1.614
构件名称：15				构件数量：1	本构件钢筋重：17.792 kg				
15	Ф	8	60└ 1 600 ┘60	800＋800＋60＋60－(2×2.29)×d	22	22	1.683	37.026	14.63
15 分布筋1	Φ	6	2 425	1 925＋250＋250	3	3	2.425	7.275	1.614
15 分布筋2	Φ	6	2 325	1 825＋250＋250	3	3	2.325	6.975	1.548
构件名称：16				构件数量：1	本构件钢筋重：14.896 kg				
16	Ф	8	120└ 900 ┘60	675＋250－25＋15×d＋60－(2×2.29)×d	1	1	1.043	1.043	0.412
16	Ф	8	60└ 1 600 ┘60	800＋800＋60＋60－(2×2.29)×d	18	18	1.683	30.294	11.97
16 分布筋1	Φ	6	1 575	1 075＋250＋250	3	3	1.575	4.725	1.05
16 分布筋2	Φ	6	2 200	2 075－125＋250	3	3	2.2	6.6	1.464
构件名称：17				构件数量：1	本构件钢筋重：17.232 kg				
17	Ф	8	60└ 1 800 ┘60	900＋900＋60＋60－(2×2.29)×d	19	19	1.883	35.777	14.136
17 分布筋	Φ	6	2 325	1 825＋250＋250	6	6	2.325	13.95	3.096
构件名称：18				构件数量：1	本构件钢筋重：17.401 kg				
构件位置：〈2＋1 500,D－125〉〈3,E－100〉									
18	Ф	8	120└ 1 000 ┘60	775＋250－25＋15×d＋60－(2×2.29)×d	1	1	1.143	1.143	0.451
18	Ф	8	60└ 1 800 ┘60	900＋900＋60＋60－(2×2.29)×d	19	19	1.883	35.777	14.136

续表

楼层名称:首层							钢筋总重:1 479.153 kg		
筋号	级别	直径/mm	钢筋图形	计算公式	根数	总根数	单长/m	总长/m	总重/kg
18 分布筋 1	Φ	6	1 800	1 300＋250＋250	3	3	1.8	5.4	1.2
18 分布筋 2	Φ	6	2 425	2 300－125＋250	3	3	2.425	7.275	1.614
构件名称:19				构件数量:1	本构件钢筋重:17.462 kg				
19	Ф	8	60└ 1 600 ┘60	800＋800＋60＋60－(2×2.29)×d	22	22	1.683	37.026	14.63
19 分布筋	Φ	6	2 125	1 625＋250＋250	6	6	2.125	12.75	2.832
构件名称:20				构件数量:1	本构件钢筋重:9.373 kg				
20	Ф	8	60└ 1 000 ┘120	775＋60＋250－25＋15×d－(2×2.29)×d	1	1	1.143	1.143	0.451
20	Ф	8	60└ 1 800 ┘60	900＋900＋60＋60－(2×2.29)×d	10	10	1.883	18.83	7.44
20 分布筋 1	Φ	6	1 325	1 200－125＋250	3	3	1.325	3.975	0.882
20 分布筋 2	Φ	6	900	400＋250＋250	3	3	0.9	2.7	0.6
构件名称:21				构件数量:1	本构件钢筋重:7.374 kg				
21	Ф	8	120└ 1 200 ┘60	975＋250－25＋15×d＋60－(2×2.29)×d	1	1	1.343	1.343	0.53
21	Ф	8	60└ 2 200 ┘60	1 100＋1 100＋60＋60－(2×2.29)×d	7	7	2.283	15.981	6.314
21	Ф	8	60└ 1 200 ┘120	975＋60＋250－25＋15×d－(2×2.29)×d	1	1	1.343	1.343	0.53
构件名称:22				构件数量:1	本构件钢筋重:10.745 kg				
22	Ф	8	120└ 1 100 ┘60	875＋250－25＋15×d＋60－(2×2.29)×d	19	19	1.243	23.617	9.329
22 分布筋	Φ	6	2 125	1 625＋250＋250	3	3	2.125	6.375	1.416
构件名称:23				构件数量:1	本构件钢筋重:28.128 kg				
23	Ф	8	120└ 1 200 ┘60	975＋250－25＋15×d＋60－(2×2.29)×d	1	1	1.343	1.343	0.53
23	Ф	8	60└ 2 200 ┘60	1 100＋1 100＋60＋60－(2×2.29)×d	27	27	2.283	61.641	24.354

续表

楼层名称:首层									钢筋总重:1 479.153 kg
筋号	级别	直径/mm	钢筋图形	计算公式	根数	总根数	单长/m	总长/m	总重/kg
23 分布筋 1	Φ	6	1 575	1 075＋250＋250	4	4	1.575	6.3	1.4
23 分布筋 2	Φ	6	2 075	1 575＋250＋250	4	4	2.075	8.3	1.844
构件名称:24				构件数量:1	本构件钢筋重:5.727 kg				
24	Ф	8	120 └ 900 ┘ 60	675＋250－25＋15×d＋60－(2×2.29)×d	12	12	1.043	12.516	4.944
24 分布筋 1	Φ	6	1 175	675＋250＋250	3	3	1.175	3.525	0.783
构件名称:25				构件数量:1	本构件钢筋重:7.962 kg				
25	Ф	8	120 └ 800 ┘ 60	575＋250－25＋15×d＋60－(2×2.29)×d	1	1	0.943	0.943	0.372
25	Ф	8	60 └ 1 400 ┘ 60	700＋700＋60＋60－(2×2.29)×d	11	11	1.483	16.313	6.446
25 分布筋 1	Φ	6	1 075	575＋250＋250	2	2	1.075	2.15	0.478
25 分布筋 2	Φ	6	1 500	1 375－125＋250	2	2	1.5	3	0.666
构件名称:26				构件数量:1	本构件钢筋重:16.43 kg				
26	Ф	8	120 └ 900 ┘ 60	675＋250－25＋15×d＋60－(2×2.29)×d	32	32	1.043	33.376	13.184
26 分布筋	Φ	6	4 875	4 375＋250＋250	3	3	4.875	14.625	3.246
构件名称:27				构件数量:1	本构件钢筋重:2.664 kg				
27	Ф	8	120 └ 700 ┘ 60	475＋250－25＋15×d＋60－(2×2.29)×d	8	8	0.843	6.744	2.664
构件名称:28				构件数量:1	本构件钢筋重:4.056 kg				
28	Ф	8	60 └ 1 200 ┘ 60	600＋600＋60＋60－(2×2.29)×d	8	8	1.283	10.264	4.056
构件名称:29				构件数量:1	本构件钢筋重:7.662 kg				
29	Ф	8	120 └ 900 ┘ 60	675＋250－25＋15×d＋60－(2×2.29)×d	15	15	1.043	15.645	6.18
29 分布筋	Φ	6	2 225	2 100－125＋250	3	3	2.225	6.675	1.482
构件名称:30				构件数量:1	本构件钢筋重:69.244 kg				
30	Ф	10	60 └ 2 000 ┘ 60	1 000＋1 000＋60＋60－(2×2.29)×d	49	49	2.074	101.626	62.72

续表

楼层名称:首层　　　　钢筋总重:1 479.153 kg

筋号	级别	直径/mm	钢筋图形	计算公式	根数	总根数	单长/m	总长/m	总重/kg
30 分布筋 1	Φ	6	3 375	2 875＋250＋250	4	4	3.375	13.5	2.996
30 分布筋 2	Φ	6	3 975	3 475＋250＋250	4	4	3.975	15.9	3.528
构件名称:31				构件数量:1	本构件钢筋重:6.802 kg				
31	Ф	8	60 1 400 60	700＋700＋60＋60－(2×2.29)×d	11	11	1.483	16.313	6.446
31 分布筋	Φ	6	800	300＋250＋250	2	2	0.8	1.6	0.356
构件名称:32				构件数量:1	本构件钢筋重:18.386 kg				
32	Ф	8	120 1 300 60	1 075＋250－25＋15×d＋60－(2×2.29)×d	27	27	1.443	38.961	15.39
32 分布筋	Φ	6	3 375	2 875＋250＋250	4	4	3.375	13.5	2.996
构件名称:33				构件数量:1	本构件钢筋重:35.98 kg				
33	Ф	8	60 2 200 60	1 100＋1 100＋60＋60－(2×2.29)×d	36	36	2.283	82.188	32.472
33 分布筋 1	Φ	6	2 075	1 575＋250＋250	4	4	2.075	8.3	1.844
33 分布筋 2	Φ	6	1 875	1 375＋250＋250	4	4	1.875	7.5	1.664
构件名称:34				构件数量:1	本构件钢筋重:2.552 kg				
34	Ф	8	120 665 60	510＋180－25＋15×d＋60－(2×2.29)×d	8	8	0.808	6.464	2.552
构件名称:35				构件数量:1	本构件钢筋重:12.976 kg				
35	Ф	8	120 1 300 60	1 075＋250－25＋15×d＋60－(2×2.29)×d	20	20	1.443	28.86	11.4
35 分布筋	Φ	6	1 775	1 275＋250＋250	4	4	1.775	7.1	1.576
构件名称:36				构件数量:1	本构件钢筋重:21.768 kg				
36	Ф	8	120 1 300 60	1 075＋250－25＋15×d＋60－(2×2.29)×d	32	32	1.443	46.176	18.24
36 分布筋	Φ	6	3 975	3 475＋250＋250	4	4	3.975	15.9	3.528
构件名称:37				构件数量:1	本构件钢筋重:5.662 kg				
37	Ф	8	120 1 300 60	1 075＋250－25＋15×d＋60－(2×2.29)×d	9	9	1.443	12.987	5.13

续表

楼层名称：首层					钢筋总重：1 479.153 kg				
筋号	级别	直径/mm	钢筋图形	计算公式	根数	总根数	单长/m	总长/m	总重/kg
37 分布筋	Φ	6	600	475－125＋250	4	4	0.6	2.4	0.532
构件名称：38				构件数量：1	本构件钢筋重：21.768 kg				
38	Ф̲	8	120 ⌊ 1 300 ⌋ 60	1 075＋250－25＋15×d＋60－(2×2.29)×d	32	32	1.443	46.176	18.24
38 分布筋	Φ	6	3 975	3 475＋250＋250	4	4	3.975	15.9	3.528
构件名称：39				构件数量：1	本构件钢筋重：3.949 kg				
39	Ф̲	8	120 ⌊ 765 ⌋ 60	610＋180－25＋15×d＋60－(2×2.29)×d	11	11	0.908	9.988	3.949
构件名称：40				构件数量：1	本构件钢筋重：5.185 kg				
40	Ф̲	8	120 ⌊ 1 165 ⌋ 60	1 010＋180－25＋15×d＋60－(2×2.29)×d	9	9	1.308	11.772	4.653
40 分布筋	Φ	6	600	475－125＋250	4	4	0.6	2.4	0.532
构件名称：41				构件数量：1	本构件钢筋重：13.064 kg				
41	Ф̲	8	120 ⌊ 1 300 ⌋ 60	1 075＋250－25＋15×d＋60－(2×2.29)×d	20	20	1.443	28.86	11.4
41 分布筋	Φ	6	1 875	1 375＋250＋250	4	4	1.875	7.5	1.664
构件名称：42				构件数量：1	本构件钢筋重：13.152 kg				
42	Ф̲	8	120 ⌊ 1 300 ⌋ 60	1 075＋250－25＋15×d＋60－(2×2.29)×d	20	20	1.443	28.86	11.4
42 分布筋	Φ	6	1 975	1 475＋250＋250	4	4	1.975	7.9	1.752

二层板钢筋同首层。

三层板钢筋抽料表

工程名称：广州某办公楼

楼层名称：第 3 层　　　　钢筋总重：2 026.145 kg

构件名称：B4　　　　构件数量：1　　　　本构件钢筋重：91.681 kg

筋号	级别	直径/mm	钢筋图形	计算公式	根数	总根数	单长/m	总长/m	总重/kg
X 向下部受力筋 c8@180	Φ	8	2 875	$2\,650+\max\{250/2,5\times d\}+\max\{200/2,5\times d\}$	17	17	2.875	48.875	19.312
Y 向下部受力筋 c8@180	Φ	8	3 275	$3\,050+\max\{200/2,5\times d\}+\max\{250/2,5\times d\}$	15	15	3.275	49.125	19.41
Y 向面筋 c8@150	Φ	8	120 ⌊3 450⌋ 120	$3\,050+200-25+15\times d+250-25+15\times d-(2\times 2.29)\times d$	18	18	3.653	65.754	25.974
X 向面筋 c8@150	Φ	8	120 ⌊3 050⌋ 120	$2\,650+250-25+15\times d+200-25+15\times d-(2\times 2.29)\times d$	21	21	3.253	68.313	26.985

构件名称：B6　　　　构件数量：1　　　　本构件钢筋重：96.28 kg

筋号	级别	直径/mm	钢筋图形	计算公式	根数	总根数	单长/m	总长/m	总重/kg
X 向下部受力筋 c8@180	Φ	8	3 000	$2\,775+\max\{200/2,5\times d\}+\max\{250/2,5\times d\}$	17	17	3	51	20.145
Y 向下部受力筋 c8@180	Φ	8	3 275	$3\,050+\max\{200/2,5\times d\}+\max\{250/2,5\times d\}$	16	16	3.275	52.4	20.704
Y 向面筋 c8@150	Φ	8	120 ⌊3 450⌋ 120	$3\,050+200-25+15\times d+250-25+15\times d-(2\times 2.29)\times d$	19	19	3.653	69.407	27.417
X 向面筋 c8@150	Φ	8	120 ⌊3 175⌋ 120	$2\,775+200-25+15\times d+250-25+15\times d-(2\times 2.29)\times d$	21	21	3.378	70.938	28.014

构件名称：B6　　　　构件数量：1　　　　本构件钢筋重：96.28 kg

筋号	级别	直径/mm	钢筋图形	计算公式	根数	总根数	单长/m	总长/m	总重/kg
X 向下部受力筋 c8@180	Φ	8	3 000	$2\,775+\max\{250/2,5\times d\}+\max\{200/2,5\times d\}$	17	17	3	51	20.145
Y 向下部受力筋 c8@180	Φ	8	3 275	$3\,050+\max\{200/2,5\times d\}+\max\{250/2,5\times d\}$	16	16	3.275	52.4	20.704

续表

楼层名称:第3层									钢筋总重:2 026.145 kg
构件名称:B6				构件数量:1		本构件钢筋重:96.28 kg			
筋号	级别	直径/mm	钢筋图形	计算公式	根数	总根数	单长/m	总长/m	总重/kg
Y向面筋 c8@150	⌀	8	120 3 450 120	3 050+200−25+15×d+250−25+15×d−(2×2.29)×d	19	19	3.653	69.407	27.417
X向面筋 c8@150	⌀	8	120 3 175 120	2 775+250−25+15×d+200−25+15×d−(2×2.29)×d	21	21	3.378	70.938	28.014
构件名称:B4				构件数量:1		本构件钢筋重:91.681 kg			
X向下部受力筋 c8@180	⌀	8	2 875	2 650+max{200/2,5×d}+max{250/2,5×d}	17	17	2.875	48.875	19.312
Y向下部受力筋 c8@180	⌀	8	3 275	3 050+max{200/2,5×d}+max{250/2,5×d}	15	15	3.275	49.125	19.41
Y向面筋 c8@150	⌀	8	120 3 450 120	3 050+200−25+15×d+250−25+15×d−(2×2.29)×d	18	18	3.653	65.754	25.974
X向面筋 c8@150	⌀	8	120 3 050 120	2 650+200−25+15×d+250−25+15×d−(2×2.29)×d	21	21	3.253	68.313	26.985
构件名称:B3				构件数量:1		本构件钢筋重:98.49 kg			
X向下部受力筋 c8@180	⌀	8	2 875	2 650+max{250/2,5×d}+max{200/2,5×d}	19	19	2.875	54.625	21.584
Y向下部受力筋 c8@180	⌀	8	3 525	3 300+max{250/2,5×d}+max{200/2,5×d}	15	15	3.525	52.875	20.88
Y向面筋 c8@150	⌀	8	120 3 700 120	3 300+250−25+15×d+200−25+15×d−(2×2.29)×d	18	18	3.903	70.254	27.756
X向面筋 c8@150	⌀	8	120 3 050 120	2 650+250−25+15×d+200−25+15×d−(2×2.29)×d	22	22	3.253	71.566	28.27
构件名称:B5				构件数量:1		本构件钢筋重:103.433 kg			
X向下部受力筋 c8@180	⌀	8	3 000	2 775+max{200/2,5×d}+max{250/2,5×d}	19	19	3	57	22.515

续表

楼层名称:第3层									钢筋总重:2 026.145 kg
构件名称:B5				构件数量:1	本构件钢筋重:103.433 kg				
筋号	级别	直径/mm	钢筋图形	计算公式	根数	总根数	单长/m	总长/m	总重/kg
Y向下部受力筋 c8@180	⌀	8	3 525	3 300＋max{250/2，5×d}＋max{200/2,5×d}	16	16	3.525	56.4	22.272
Y向面筋 c8@150	⌀	8	120 3 700 120	3 300＋250－25＋15×d＋200－25＋15×d－(2×2.29)×d	19	19	3.903	74.157	29.298
X向面筋 c8@150	⌀	8	120 3 175 120	2 775＋200－25＋15×d＋250－25＋15×d－(2×2.29)×d	22	22	3.378	74.316	29.348
构件名称:B12				构件数量:1	本构件钢筋重:103.433 kg				
X向下部受力筋 c8@180	⌀	8	3 000	2 775＋max{250/2，5×d}＋max{200/2,5×d}	19	19	3	57	22.515
Y向下部受力筋 c8@180	⌀	8	3 525	3 300＋max{250/2，5×d}＋max{200/2,5×d}	16	16	3.525	56.4	22.272
Y向面筋 c8@150	⌀	8	120 3 700 120	3 300＋250－25＋15×d＋200－25＋15×d－(2×2.29)×d	19	19	3.903	74.157	29.298
X向面筋 c8@150	⌀	8	120 3 175 120	2 775＋250－25＋15×d＋200－25＋15×d－(2×2.29)×d	22	22	3.378	74.316	29.348
构件名称:B13				构件数量:1	本构件钢筋重:98.49 kg				
X向下部受力筋 c8@180	⌀	8	2 875	2 650＋max{200/2，5×d}＋max{250/2,5×d}	19	19	2.875	54.625	21.584
Y向下部受力筋 c8@180	⌀	8	3 525	3 300＋max{250/2，5×d}＋max{200/2,5×d}	15	15	3.525	52.875	20.88
Y向面筋 c8@150	⌀	8	120 3 700 120	3 300＋250－25＋15×d＋200－25＋15×d－(2×2.29)×d	18	18	3.903	70.254	27.756
X向面筋 c8@150	⌀	8	120 3 050 120	2 650＋200－25＋15×d＋250－25＋15×d－(2×2.29)×d	22	22	3.253	71.566	28.27

续表

楼层名称：第 3 层　　　　钢筋总重：2 026.145 kg

构件名称：B2　　　　构件数量：1　　　　本构件钢筋重：103.692 kg

筋号	级别	直径/mm	钢筋图形	计算公式	根数	总根数	单长/m	总长/m	总重/kg
Y 向下部受力筋 c8@180	C	8	2 275	2 025＋max{250/2, 5×d}＋max{250/2,5×d}	32	32	2.275	72.8	28.768
X 向面筋 c8@150	C	8	120 └ 2 475 ┘ 120	2 025＋250－25＋15×d＋250－25＋15×d－(2×2.29)×d	38	38	2.678	101.764	40.204
Y 向面筋 c8@150	C	8	120 └ 6 075 ┘ 120	5 625＋250－25＋15×d＋250－25＋15×d－(2×2.29)×d	14	14	6.278	87.892	34.72

构件名称：B10　　　　构件数量：1　　　　本构件钢筋重：82.717 kg

筋号	级别	直径/mm	钢筋图形	计算公式	根数	总根数	单长/m	总长/m	总重/kg
X 向下部受力筋 c8@180	C	8	2 100	1 885＋max{250/2, 5×d}＋max{180/2,5×d}	27	27	2.1	56.7	22.41
Y 向面筋 c8@150	C	8	120 └ 5 275 ┘ 120	4 825＋250－25＋15×d＋250－25＋15×d－(2×2.29)×d	13	13	5.478	71.214	28.132
X 向面筋 c8@150	C	8	120 └ 2 265 ┘ 120	1 885＋250－25＋15×d＋180－25＋15×d－(2×2.29)×d	33	33	2.468	81.444	32.175

构件名称：B11　　　　构件数量：1　　　　本构件钢筋重：186.281 kg

筋号	级别	直径/mm	钢筋图形	计算公式	根数	总根数	单长/m	总长/m	总重/kg
X 向下部受力筋 c8@180	C	8	3 775	3 560＋max{180/2, 5×d}＋max{250/2,5×d}	27	27	3.775	101.925	40.257
Y 向下部受力筋 c8@180	C	8	5 075	4 825＋max{250/2, 5×d}＋max{250/2,5×d}	20	20	5.075	101.5	40.1
Y 向面筋 c8@150	C	8	120 └ 5 275 ┘ 120	4 825＋250－25＋15×d＋250－25＋15×d－(2×2.29)×d	24	24	5.478	131.472	51.936
X 向面筋 c8@150	C	8	120 └ 3 940 ┘ 120	3 560＋180－25＋15×d＋250－25＋15×d－(2×2.29)×d	33	33	4.143	136.719	53.988

构件名称：B9　　　　构件数量：1　　　　本构件钢筋重：135.152 kg

筋号	级别	直径/mm	钢筋图形	计算公式	根数	总根数	单长/m	总长/m	总重/kg
X 向下部受力筋 c8@180	C	8	3 675	3 425＋max{250/2, 5×d}＋max{250/2,5×d}	20	20	3.675	73.5	29.04

续表

楼层名称：第 3 层							钢筋总重：2 026.145 kg		
构件名称：B9				构件数量：1	本构件钢筋重：135.152 kg				
筋号	级别	直径/mm	钢筋图形	计算公式	根数	总根数	单长/m	总长/m	总重/kg
Y 向下部受力筋 c8@180	Φ	8	3 775	3 560＋max{180/2，5×d}＋max{250/2,5×d}	20	20	3.775	75.5	29.82
X 向面筋 c8@150	Φ	8	120 ⌊3 875⌋ 120	3 425＋250－25＋15×d＋250－25＋15×d－(2×2.29)×d	24	24	4.078	97.872	38.664
Y 向面筋 c8@150	Φ	8	120 ⌊3 940⌋ 120	3 560＋180－25＋15×d＋250－25＋15×d－(2×2.29)×d	23	23	4.143	95.289	37.628
构件名称：B8				构件数量：1	本构件钢筋重：39.225 kg				
X 向面筋 c8@150	Φ	8	120 ⌊2 165⌋ 120	1 785＋180－25＋15×d＋250－25＋15×d－(2×2.29)×d	13	13	2.368	30.784	12.155
Y 向面筋 c8@150	Φ	8	120 ⌊2 265⌋ 120	1 885＋250－25＋15×d＋180－25＋15×d－(2×2.29)×d	12	12	2.468	29.616	11.7
X 向下部受力筋 c8@180	Φ	8	2 000	1 785＋max{180/2,5×d}＋max{250/2,5×d}	10	10	2	20	7.9
Y 向下部受力筋 c8@180	Φ	8	2 100	1 885＋max{250/2，5×d}＋max{180/2,5×d}	9	9	2.1	18.9	7.47
构件名称：B7				构件数量：1	本构件钢筋重：33.501 kg				
X 向面筋 c8@150	Φ	8	120 ⌊1 840⌋ 120	1 460＋250－25＋15×d＋180－25＋15×d－(2×2.29)×d	13	13	2.043	26.559	10.491
Y 向面筋 c8@150	Φ	8	120 ⌊2 265⌋ 120	1 885＋250－25＋15×d＋180－25＋15×d－(2×2.29)×d	10	10	2.468	24.68	9.75
X 向下部受力筋 c8@180	Φ	8	1 675	1 460＋max{250/2,5×d}＋max{180/2,5×d}	10	10	1.675	16.75	6.62
Y 向下部受力筋 c8@180	Φ	8	2 100	1 885＋max{250/2,5×d}＋max{180/2,5×d}	8	8	2.1	16.8	6.64

续表

楼层名称：第3层　　钢筋总重：2 026.145 kg

构件名称：B1　　构件数量：1　　本构件钢筋重：266.268 kg

筋号	级别	直径/mm	钢筋图形	计算公式	根数	总根数	单长/m	总长/m	总重/kg
X向面筋 c8@150	Φ	8	120 ⌊3 875⌋ 120	3 425＋250－25＋15×*d*＋250－25＋15×*d*－(2×2.29)×*d*	38	38	4.078	154.964	61.218
Y向面筋 c8@150	Φ	8	120 ⌊6 075⌋ 120	5 625＋250－25＋15×*d*＋250－25＋15×*d*－(2×2.29)×*d*	23	23	6.278	144.394	57.04
Y向下部受力筋 c10@100	Φ	10	3 675	3 425＋max{250/2,5×*d*}＋max{250/2,5×*d*}	57	57	3.675	209.475	129.219
X向下部受力筋 c8@150	Φ	8	5 875	5 625＋max{250/2,5×*d*}＋max{250/2,5×*d*}	23	23	5.875	135.125	53.383

构件名称：B15　　构件数量：1　　本构件钢筋重：23.179 kg

筋号	级别	直径/mm	钢筋图形	计算公式	根数	总根数	单长/m	总长/m	总重/kg
Y向面筋 c8@150	Φ	8	120 ⌊1 765⌋ 120	1 385＋250－25＋15×*d*＋180－25＋15×*d*－(2×2.29)×*d*	9	9	1.968	17.712	6.993
X向面筋 c8@150	Φ	8	120 ⌊1 700⌋ 120	1 320＋180－25＋15×*d*＋250－25＋15×*d*－(2×2.29)×*d*	10	10	1.903	19.03	7.52
Y向下部受力筋 c8@200	Φ	8	1 600	1 385＋max{250/2,5×*d*}＋max{180/2,5×*d*}	7	7	1.6	11.2	4.424
X向下部受力筋 c8@200	Φ	8	1 535	1 320＋max{180/2,5×*d*}＋max{250/2,5×*d*}	7	7	1.535	10.745	4.242

构件名称：B16　　构件数量：1　　本构件钢筋重：30.261 kg

筋号	级别	直径/mm	钢筋图形	计算公式	根数	总根数	单长/m	总长/m	总重/kg
Y向面筋 c8@150	Φ	8	120 ⌊2 240⌋ 120	1 860＋180－25＋15×*d*＋250－25＋15×*d*－(2×2.29)×*d*	9	9	2.443	21.987	8.685
X向面筋 c8@150	Φ	8	120 ⌊1 700⌋ 120	1 320＋180－25＋15×*d*＋250－25＋15×*d*－(2×2.29)×*d*	13	13	1.903	24.739	9.776
Y向下部受力筋 c8@200	Φ	8	2 075	1 860＋max{180/2,5×*d*}＋max{250/2,5×*d*}	7	7	2.075	14.525	5.74
X向下部受力筋 c8@200	Φ	8	1 535	1 320＋max{180/2,5×*d*}＋max{250/2,5×*d*}	10	10	1.535	15.35	6.06

续表

楼层名称:第3层									钢筋总重:2 026.145 kg
构件名称:B14				构件数量:1		本构件钢筋重:39.789 kg			
筋号	级别	直径/mm	钢筋图形	计算公式	根数	总根数	单长/m	总长/m	总重/kg
Y向面筋 c8@150	⊈	8	120 ⌊ 3 000 ⌋ 120	2 550＋250－25＋15×d＋250－25＋15×d－(2×2.29)×d	9	9	3.203	28.827	11.385
X向面筋 c8@150	⊈	8	120 ⌊ 1 700 ⌋ 120	1 320＋180－25＋15×d＋250－25＋15×d－(2×2.29)×d	17	17	1.903	32.351	12.784
Y向下部受力筋 c8@200	⊈	8	2 800	2 550＋max{250/2,5×d}＋max{250/2,5×d}	7	7	2.8	19.6	7.742
X向下部受力筋 c8@200	⊈	8	1 535	1 320＋max{180/2,5×d}＋max{250/2,5×d}	13	13	1.535	19.955	7.878
构件名称:B7				构件数量:1		本构件钢筋重:43.537 kg			
Y向面筋 c8@150	⊈	8	120 ⌊ 2 475 ⌋ 120	2 025＋250－25＋15×d＋250－25＋15×d－(2×2.29)×d	9	9	2.678	24.102	9.522
X向面筋 c8@150	⊈	8	120 ⌊ 1 700 ⌋ 120	1 320＋180－25＋15×d＋250－25＋15×d－(2×2.29)×d	28	28	1.903	53.284	21.056
Y向下部受力筋 c8@200	⊈	8	2 275	2 025＋max{250/2,5×d}＋max{250/2,5×d}	7	7	2.275	15.925	6.293
X向下部受力筋 c8@200	⊈	8	1 535	1 320＋max{180/2,5×d}＋max{250/2,5×d}	11	11	1.535	16.885	6.666
X向面筋 c8@150	⊈	8	120 ⌊ 3 000 ⌋ 120	2 550＋250－25＋15×d＋250－25＋15×d－(2×2.29)×d	38	38	3.203	121.714	48.07
Y向面筋 c8@150	⊈	8	120 ⌊ 6 075 ⌋ 120	5 625＋250－25＋15×d＋250－25＋15×d－(2×2.29)×d	17	17	6.278	106.726	42.16
Y向下部受力筋 c10@100	⊈	10	2 800	2 550＋max{250/2,5×d}＋max{250/2,5×d}	57	57	2.8	159.6	98.496

续表

楼层名称:第3层				钢筋总重:2 026.145 kg					
构件名称:B1				构件数量:1	本构件钢筋重:201.781 kg				
筋号	级别	直径/mm	钢筋图形	计算公式	根数	总根数	单长/m	总长/m	总重/kg
X向下部受力筋 c8@150	Ф	8	5 875	5 625＋max{250/2,5×d}＋max{250/2,5×d}	17	17	5.875	99.875	39.457

楼梯钢筋抽料表

工程名称:工程1

楼层名称:首层									
筋号	级别	直径/mm	钢筋图形	计算公式	根数	总根数	单长/m	总长/m	总重/kg
构件名称:首层第一跑				构件数量:1	本构件钢筋重:75.028 kg				
梯板下部纵筋	Ф	12	4 731	3 920×1.152＋90＋125	10	10	4.731	47.31	42.01
下梯梁端上部纵筋	Ф	8	120 1 400 640 70	3 920/4×1.152＋320＋100－2×15－(1×2.29＋1×2.29)×d	10	10	1.482	14.82	5.85
梯板分布钢筋	Φ	8	1 320	1 320＋12.5×d	38	38	1.42	53.96	21.318
上梯梁端上部纵筋	Ф	8	130 1 400 640 70	3 920/4×1.152＋320＋100－2×15－(1×2.29＋1×2.29)×d	10	10	1.482	14.82	5.85
构件名称:首层第二跑				构件数量:1	本构件钢筋重:89.532 kg				
梯板下部纵筋	Ф	12	4 731	3 920×1.152＋125＋90	12	12	4.731	56.772	50.412
下梯梁端上部纵筋	Ф	8	120 1 319 640 70	3 920/4×1.152＋320＋100－2×15－(1×2.29＋1×2.29)×d	12	12	1.482	17.784	7.02
梯板分布钢筋	Φ	8	1 570	1 570＋12.5×d	38	38	1.67	63.46	25.08
上梯梁端上部纵筋	Ф	8	49 1 319 640 70	3 920/4×1.152＋320＋100－2×15－(1×2.29＋1×2.29)×d	12	12	1.482	17.784	7.02
构件名称:首层梯梁					本构件钢筋重:34.854 kg				
梯梁上通长筋	Ф	16	240 2 770 240	－15＋15×d＋2 800－15＋15×d－(2×2.29)×d	2	2	3.177	6.354	10.04

续表

楼层名称:首层

筋号	级别	直径/mm	钢筋图形	计算公式	根数	总根数	单长/m	总长/m	总重/kg
构件名称:首层梯梁					本构件钢筋重:34.854 kg				
梯梁下部钢筋	Ф	20	300 2 770 300	−15+15×d+2 800−15+15×d−(2×2.29)×d	2	2	3.278	6.556	16.194
箍筋	Φ	8	320 150	2×[(180−2×15)+(350−2×15)]+2×(12.89×d)−(3×2.29)×d	20	20	1.091	21.82	8.62
构件名称:首层休息平台					本构件钢筋重:37.572 kg				
平台板面筋 y 向	Ф	8	120 1 745 70	1 595+180−15+15×d−15+100−2×15−(2×2.29)×d	14	14	1.898	26.572	10.5
平台板面筋 x 向	Ф	8	70 2 770 70	2 800−15+100−2×15−15+100−2×15−(2×2.29)×d	8	8	2.873	22.984	9.08
平台板底筋 y 向	Ф	8	1 670	1 595+max{180/2,5×d}−15	14	14	1.67	23.38	9.24
平台板底筋 x 向	Ф	8	2 770	2 800−15−15	8	8	2.77	22.16	8.752
构件名称:首层梯柱					本构件钢筋重:57.864 kg				
低位插筋	Ф	16	240 1 292	2 150/3+600−25+15×d−(1×2.29)×d	2	4	1.495	5.98	9.448
高位插筋	Ф	16	240 1 852	2 150/3+1×35×d+600−25+15×d−(1×2.29)×d	2	4	2.055	8.22	12.988
低位纵筋	Ф	16	192 1 758	2 500−717−350+350−25+12×d−(1×2.29)×d	2	4	1.913	7.652	12.092
高位纵筋	Ф	16	192 1 198	2 500−1 277−350+350−25+12×d−(1×2.29)×d	2	4	1.353	5.412	8.552
箍筋	Φ	8	130 130	2×(130+130)+2×(11.9×d)−(3×1.75)×d	28	56	0.668	37.408	14.784
楼层名称:第2层									
构件名称:二层第一跑				构件数量:1	本构件钢筋重:59.44 kg				
梯板下部纵筋	Ф	12	3 708	3 080×1.134+90+125	10	10	3.708	37.08	32.93

续表

楼层名称:第 2 层

筋号	级别	直径/mm	钢筋图形	计算公式	根数	总根数	单长/m	总长/m	总重/kg
构件名称:二层第一跑				构件数量:1	本构件钢筋重:59.44 kg				
下梯梁端上部纵筋	Φ	8	120 1 140 600 70	3 080/4×1.134+320+100−2×15−(1×2.29+1×2.29)×d	10	10	1.226	12.26	4.84
梯板分布钢筋	Φ	8	1 320	1 320+12.5×d	30	30	1.42	42.6	16.83
上梯梁端上部纵筋	Φ	8	133 1 140 600 70	3 080/4×1.134+320+100−2×15−(1×2.29+1×2.29)×d	10	10	1.226	12.26	4.84
构件名称:二层第二跑				构件数量:1	本构件钢筋重:70.932 kg				
梯板下部纵筋	Φ	12	3 708	3 080×1.134+125+90	12	12	3.708	44.496	39.516
下梯梁端上部纵筋	Φ	8	120 1 060 600 70	3 080/4×1.134+320+100−2×15−(1×2.29+1×2.29)×d	12	12	1.226	14.712	5.808
梯板分布钢筋	Φ	8	1 570	1 570+12.5×d	30	30	1.67	50.1	19.8
上梯梁端上部纵筋	Φ	8	54 1 060 600 70	3 080/4×1.134+320+100−2×15−(1×2.29+1×2.29)×d	12	12	1.226	14.712	5.808
构件名称:二层梯梁					本构件钢筋重:32.699 kg				
梯梁上通长筋	Φ	16	240 2 770 240	−15+15×d+2 800−15+15×d−(2×2.29)×d	2	2	3.177	6.354	10.04
梯梁下部钢筋	Φ	20	300 2 770 300	−15+15×d+2 800−15+15×d−(2×2.29)×d	2	2	3.278	6.556	16.194
箍筋	Φ	8	320 150	2×[(180−2×15)+(350−2×15)]+2×(12.89×d)−(3×2.29)×d	15	15	1.091	16.365	6.465
构件名称:二层休息平台					本构件钢筋重:57.999 kg				
平台板面筋 x 向	Φ	8	120 2 585 70	2 435+180−15+15×d−15+100−2×15−(2×2.29)×d	14	14	2.738	38.332	15.148
平台板面筋 y 向	Φ	8	70 2 770 70	2 800−15+100−2×15−15+100−2×15−(2×2.29)×d	13	13	2.873	37.349	14.755
平台板底筋 x 向	Φ	8	2 510	2 435+max{180/2, 5×d}−15	14	14	2.51	35.14	13.874

续表

楼层名称:第 2 层

筋号	级别	直径/mm	钢筋图形	计算公式	根数	总根数	单长/m	总长/m	总重/kg
构件名称:二层休息平台					本构件钢筋重:57.999 kg				
平台板底筋 y 向	⌀	8	2 770	2 800−15−15	13	13	2.77	36.01	14.222
构件名称:二层梯柱					本构件钢筋重:44.048 kg				
低位插筋	⌀	16	240 958	1 450/3＋500−25＋15×d−(1×2.29)×d	2	4	1.161	4.644	7.336
高位插筋	⌀	16	240 1 518	1 450/3＋1×35×d＋500−25＋15×d−(1×2.29)×d	2	4	1.721	6.884	10.876
低位纵筋	⌀	16	192 1 292	1 800−483−350＋350−25＋12×d−(1×2.29)×d	2	4	1.447	5.788	9.144
高位纵筋	⌀	16	192 732	1 800−1 043−350＋350−25＋12×d−(1×2.29)×d	2	4	0.887	3.548	5.604
箍筋	⌀	8	130 130	2×(130＋130)＋2×(11.9×d)−(3×1.75)×d	21	42	0.668	28.056	11.088

参考文献

[1] 中国建筑标准设计研究院.混凝土结构施工图平面整体表示方法制图规则和构造详图(现浇混凝土框架、剪力墙、梁、板)22G101—1[S].北京:中国计划出版社,2022.

[2] 中国建筑标准设计研究院.混凝土结构施工图平面整体表示方法制图规则和构造详图(现浇混凝土板式楼梯)22G101—2[S].北京:中国计划出版社,2022.

[3] 中国建筑标准设计研究院.混凝土结构施工图平面整体表示方法制图规则和构造详图(独立基础、条形基础、筏形基础、桩基础)22G101—3[S].北京:中国计划出版社,2022.

[4] 广东省建设工程标准定额站,广东省工程造价协会.广东省建筑与装饰工程综合定额2018(上)[S].武汉:华中科技大学出版社,2018.

[5] 黄梅.16G101图集应用:平法钢筋计算与工程量清单实例[M].北京:中国建筑工业出版社,2017.